the ZERO WASTE CHEF

零廢棄大廚

邁向蔬食生活的食譜！
如何打造永續發展的廚房與地球

Plant-Forward Recipes and Tips for a Sustainable Kitchen and Planet

作者　安妮-瑪莉·博諾（ANNE-MARIE BONNEAU）

譯者　李家瑜

獻給我的女兒們，

瑪莉・凱瑟琳與夏綠蒂

目錄 CONTENTS

第一章：預備出發！三、二、一、零！ ································ 7

第二章：像祖母那樣烹調 ······················· 19

第三章：文化改革：發酵食物 ····················· 33

第四章：有什麼是罐子做不到的？發酵用具 ············· 47

第五章：當零廢棄走進真實生活 ···················· 75

第六章：去哪採購？買什麼？怎麼買？備妥食材小撇步 ········ 89

第七章：存糧與廚餘的幻化魔術 ···················· 101

第八章：發起來吧！麵包與早餐 ···················· 157

第九章：不能錯過的小菜 ······················· 185

第十章：做出主食、杜絕浪費 ····················· 217

第十一章：無包裝零食與天然氣泡水 ················· 261

第十二章：低廢棄甜點，只為了信念！ ················ 291

附錄

專屬於你的零廢棄廚師月曆：一個月的菜單 ············· 308

致謝辭 ···································· 310

參考書目 ·································· 311

索引 ···································· 317

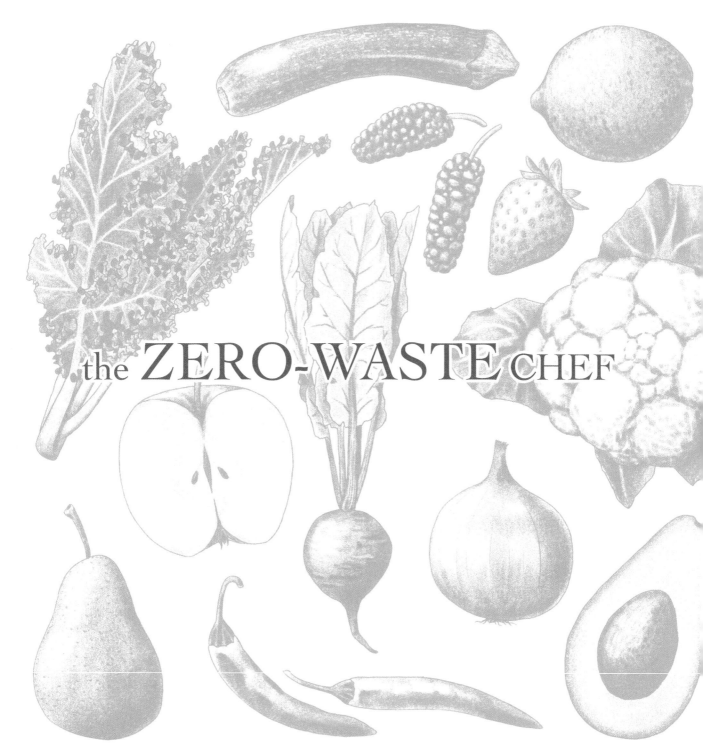

the ZERO-WASTE CHEF

第一章

預備出發！
三、二、一、零！

對美國消費者而言，每個人每天平均製造 4.5 磅的垃圾。這些廢棄物大部分來自一次性的材料，例如食品包裝，或是完全未經使用的東西，例如食物。

我們的消費模式是線性的——將原料製成產品，通常再迅速地加以丟棄，如此一年製造出大約 2.68 億公噸的廢棄物。這些廢棄物約有一半進入垃圾掩埋場，在分解的過程中釋放甲烷氣體——過去二十年間，甲烷對溫室效應的影響比二氧化碳強大 84 倍——進入大氣層，同時產生有毒滲濾液進入地下，汙染地下水。

一部分的廢棄物沒有經過處理，造成自然環境的汙染。每 1 分鐘，就有如同一架垃圾車那麼多的塑料進入海洋。依照目前的發展軌跡來看，到 2025 年，海洋魚和塑料的比例來到了 3：1，也就是說每 3 公噸的魚就會有 1 公噸的塑料，而到 2050 年，海洋中的塑料將超過魚的數量。不只海洋，包裝、塑膠膜、汙水汙泥[1]中的塑膠微粒也汙染了土壤，對植物、動物、人類造成威脅。

我們用大量難以分解的塑料汙染了自己所居住的星球，以至於塑料將在我們的地層成為一個新時代的化石標記——如同恐龍標誌了中生代那般——直到石油巨頭將那些作為標記物的爬蟲類全數挖起，變成可口可樂寶特瓶[2]。休士頓、洛杉磯、紐約、芝加哥、多倫多、鳳凰城、費城、舊金山，還有各地的春田市、各個城鎮都聽好了！麻煩來了！

....

1 合成纖維布料經過洗衣機清洗後，會掉落塑料微粒進入到汙水汙泥中。

2 塑膠是從石油中提煉出來的。

回收所有塑膠，不就解決了嗎？

中國在 2010 年至 2016 年期間，進口了共 700,000 公噸來自美國的塑料廢棄物，但美國 2012 年到 2017 年的回收率仍舊悲慘地停留在 9%。2018 年，清算的年份來到，中國宣稱不再成為西方國家塑料垃圾的傾倒場。2030 年時，全世界必須掩埋、燃燒、回收將近 1.11 億公噸的塑料，不可能僅僅靠回收就能收拾這片混亂。

即便改善基礎架構、百分之百地回收塑料，塑膠汙染聯盟（Plastic Pollution Coalition）表示：「塑膠通常無法完全回收。理想上，我們期待塑膠寶特瓶、美乃滋包裝瓶能再造（降級回收）為門墊、紡織品、塑料建材等等，但這些終究會回歸垃圾掩埋場。」我們的確應當盡可能地回收任何塑膠，但真正的解決之道在於從源頭下手：減少製造及使用塑膠製品。

撇開廢棄物處理不談，我們真的希望自己的食物被塑料汙染嗎？塑料包裝通常添加內分泌干擾素雙酚 A（bisphenol-A，簡稱 BPA），接觸後可能造成子宮內膜異位、不孕症、流產、癌症、遺傳性疾病。BPA 的問題浮出檯面後，一些食物製造商從食物包裝移除此物質，並在所有包裝上宣告「不含 BPA」，但通常只是將雙酚 A 取代為雙酚 S（BPS）或雙酚 F（BPF）——這兩種有害物質能導致的健康問題與雙酚 A 類似。

看似無害、可堆肥的食物紙料包裝可能也含有「持久性化學物」，例如能夠防油、防水的全氟羧酸（perfluoroalkyl substances，簡稱 PFAS）。因為這些物質不會分解，它將存在於自然環境中，成為永久性的威脅。研究報告指出，全氟羧酸會負面地影響新陳代謝、體重、生育能力、胎兒生長，以及免疫系統的發炎反應。

食物浪費又該如何？

塑膠問題需要多重解決方案，例如實施「重複補充」計畫、禁止一次性容器、省卻多餘包裝等等，但提到食物浪費，解決方法卻很簡單——食用這些食物。

在已開發國家，大部分的食物浪費發生在消費者層面，我們在家中丟棄的食物超過了雜貨店、餐廳，或供應鍊的任何一個據點。令人驚訝的是，一個美國人平均一天就浪費將近一磅的食物。當我們隨意浪費食物，不只揮霍食物本身，也濫用了製造食物過程中所有的資源，包括生產及運輸的人力、水、能源，以及土地。我們砍伐了土地上能夠固碳的樹木，用來種植過剩的糧食。

有 8% 的全球溫室氣體產生自浪費的食物。（相較之下，只有 2.5% 來自於航空業。）反全球暖化計畫（Project Drawdown）集結了全世界的科學家與研究者，發表了百大方案來減緩 2050 年來臨前這三十年期間的全球碳排放量。其中減少糧食過剩排在第三位，遠比架設太陽能屋頂、離岸風力發電、電動車，三者加起來還有效！

在食品包裝與食物浪費之間，廚房是一個能讓我們發揮影響力的絕佳之地。不過你可能會懷疑，就現實層面來說，我們能夠合理地減少多少廢棄物呢？

「零廢棄」是什麼意思？

零廢棄可行嗎？

回答這問題前，讓我們先探討零廢棄目標背後的意義，它代表了不讓廢棄物進入垃圾掩埋場、焚化爐，以及自然環境。所有的廢棄物都來自於我們從地球獲取的資源，而零廢棄則是保護這些資源。

談到「零廢棄」，別被「零」嚇到了！我的女兒夏綠蒂曾說：「真正能實施零

廢棄的方法就是死掉的時候。」不過即使死了，你的家人還是會在葬禮上分發瓶裝水。

如果這個零讓你感到不知所措（或者考量可能發生的困境，寧願不去想它），那麼換個方式思考：**零廢棄**僅僅代表一個值得努力的目標，就像在大學的每堂課都拿到 A+ 那樣。不過常言道：「拿到 C，就足以畢業。」所以不用完美地做到零廢棄，也能發揮影響力。

能夠發揮多大的影響力端看你將——或你能實施多少零廢棄計畫。你可能在社交媒體上看過，零廢棄實踐者與他們儲存在梅森罐中一整年——或者好幾年——的垃圾合照。面對這樣的垃圾罐，人們通常會做出以下的反應：

1. 深受啟發，決定效法他們，把自己的垃圾減少到微乎其微——並且成功了！或者，

2. 爆發「生態焦慮」，跟著感到沒有行動力、失去自信、產生罪惡感。

如果你屬於生態焦慮的族群，或者你曾嘗試將垃圾減少到每年一個梅森罐的量卻失敗了，請不要打擊自己。我相信很多人都可以以將每年的垃圾量，大量減少到足以放入一個梅森罐中，但只有少數人真正做到了。這沒有關係的，請讓我繼續解說。

讓我暢想這本書的銷售量，例如第一週賣了一萬本，而其中有少量的人實踐了零廢棄。假設 1%，或者 100 位讀者將廢棄物減少到近乎於零，那麼一年後，這些讀者將減少多少進入環境中的集體廢物量？來計算一下吧！

100 人 × 每日減少 4.5 磅 × 365 天 = 一年減少 164,250 磅

那是非常可觀的垃圾量！

假設同樣 10,000 位讀者中，25% 的人將每年的垃圾量減少 25%，這樣又會省去多少垃圾？

4.5 磅 ×0.25= 每天 1.125 磅

2,500 人 × 每日減少 1.125 磅 ×365 天 = 一年減少 1,026,562.50 磅

超過一百萬磅的垃圾，多令人驚歎！假如這 10,000 位讀者中，所有人都只將每年的垃圾量減少 10% 呢？聽起來不怎麼樣，對嗎？來看一下：

4.5 磅 ×0.1= 每天 0.45 磅

10,000 人 × 每日減少 0.45 磅 ×365 天 = 一年減少 1,642,500 磅

如同以下的圖表，1,642,500 磅的結果顯示：在這三組假設情境中，所有人做一點點發揮的影響力最為巨大。

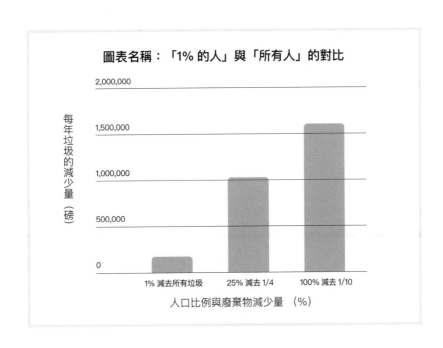

零廢棄的理念並非走極端路線，你可以在生活裡實踐一些零廢棄的理念，不像懷孕——你只能有或沒有。達成 10% 目標所要做的改變，幾乎每個人都能夠做到，也不會造成任何傷害。而且達到 10% 之後，通常你不會駐足於此。一旦嚐到這種生活方式所獲得的回報，你會不由自主地做到更多。

你將會得到什麼？

2011 那年我讀到塑料汙染對海洋及海洋生物造成的災難，開啟了零廢棄之旅。我想立即摒棄所有塑膠製品（實際上是花了幾個月去逐步減少），意想不到的是拒絕塑膠之後，我個人得到諸多好處，甚至改變了生命。

用這種生活方式過了幾年後，最令人驚喜的是我已經好一陣子沒有這麼健康過，我將它歸功於飲食的改善。當我不再製造廢棄物，同時代表我不再選擇包裝過度的加工食品——過去我從不大量食用這些，現在則完全不吃。加工食品不僅缺乏纖維質和營養素，也讓消化系統亮起紅燈。許多研究報告持續指出，消化系統的健全會在許多層面直接影響健康，從免疫系統到體重、情緒、食慾等等。不採買包裝食品以後，我開始製作發酵食品，否則酸奶油要從何而來？發酵食品改善消化系統的健康，而且它們——發酵麵糰、泡菜、醃黃瓜、印度薄餅、辣椒醬——實在太美味了！

雖然我並沒有搬到湖畔小屋、過著與世隔絕的生活，但我變得更加自給自足。我不依賴集團公司來滿足每一個需求和欲望，儘管大型食品企業費盡心思讓我們在廚房裡變得笨手笨腳，但我不需要食用包裝的冷凍食品或者保久點心。除了增進烹飪技巧，我還加強了那些祖父母和曾祖父母才擁有的才能，例如縫補、製作手工品。假如我的外婆、祖母還在世，她們鐵定會很訝異，怎麼會有人邀請我上台，對一群觀眾展示如何用剩餘食物煮出濃湯，或者用零碎布料做出拼布包？「這是再平常不

過了啊！」她們會如此說道。

減少廢棄物也讓我更加快樂。在北美洲，現代生活的每一個層面都離不開垃圾——從怎麼購物、怎麼吃、怎麼穿，到怎麼旅行。為了減少廢棄物，我必須省視生活的方方面面，有意識地做出每個決定，放慢腳步，和過得單純一些。比起毫無頭緒的消費模式，我的生活變得滿足而充實。

假如健康、美食、獨立自主和快樂仍然無法說服你，那麼來談錢吧！撇去其他理由不說，減少垃圾會讓你省下鈔票，你可以從一個完全自私的動機出發，不為海洋，不為保存其他人能享用的資源，不為下一代。你自己決定為何而做，他人無權過問。

好，我買單！但怎麼開始呢？

從你所在的地方開始。首要任務，看清你的現況。

剛開展無塑生活，我的女兒瑪麗・凱特參加了貝絲・特瑞的無塑挑戰（www.myplaticfreelife.com），這經驗讓我們意識到我們都丟棄或者回收哪些塑膠製品。你肯定也會有同樣的發現——大部分塑膠來自廚房裡的食品包裝。

要解決問題，首先須衡量它實際的情況。以審視財務狀況為例，想了解自己花錢的狀況，就得先盤點開銷。（我花多少錢在外帶咖啡上？）只不過現在你將檢查你囤積了多少垃圾。（我丟了多少咖啡外帶紙杯？）

為了計算廢棄物，檢視你製造的垃圾，包括咖啡外帶紙杯和杯蓋、利樂包裝、蔬果塑膠袋、汽水瓶、吸管等，將可回收的塑膠製品也算在內，你可能需要花上數週來做這項審查。

將廢棄物列成清單記錄下來，或者將保存一週的垃圾用手機拍照記錄。這個審查會讓你了解到：（1）有多少垃圾被丟棄，以及（2）哪些物品是你想先避免或

者取代的。舉例來說，如果你發現有許多零食的包裝，不妨先從這本書的點心食譜（233 頁）開始。

我們到底該怎麼辦？

2011 那年春天，瑪麗・凱特和我決定要嘗試無塑生活，我們首先來到附近經常光顧的連鎖超市。我們推著推車走遍超市，所看到的景象令人氣餒：塑膠無所不在，它窒息了擺在蔬果區的花椰菜與黃瓜，在乳製品區排列著牛奶紙盒的隊伍，就連裝著義大利麵條的盒子也有一個小型的透明塑膠窗口，以便顧客能見到義大利麵條的模樣。

最後，在擺放衛生紙的通道中，我不禁舉雙手投降。各式各樣用收縮膠膜包裝的衛生紙，猶如海洋般環繞著我：單層抽取式、雙層抽取式、超級柔軟式、柔軟強韌式、環保式、超大尺寸、4 卷、8 卷、16 卷、32 卷……我轉向瑪麗・凱特問道：「我們到底該怎麼辦？」

所幸，我們一步又一步地實行、一件又一件地取代，落實了必要的改變來消滅塑膠廢棄物。離開衛生紙通道的那天起，我著手應付挑戰，發明了食譜，也走過了零廢棄生活的兩難境地。在你的零廢棄旅途中，這本書能幫助你省下一大部分的學習曲線。

許多奇妙的事也陸續發生了。在演講活動、會議、工作坊、課程中，在與聽眾線上互動，與親友、同事面對面談話時，當我提及一個簡單的取代方式──用布袋代替平日的購物袋──我目睹了靈光乍現的驚喜，他們意識到：原來我可以這樣做！你周圍的人會開始注意你在做什麼，然後你會啟發他們落實一個改變，或者兩個、三個、四個……越多人加入這個行列，這道漣漪擴散得越遠，改變也會越快速地發生。

預備出發！三、二、一、零！

Plant-Forward Recipes and Tips for a Sustainable Kitchen and Planet

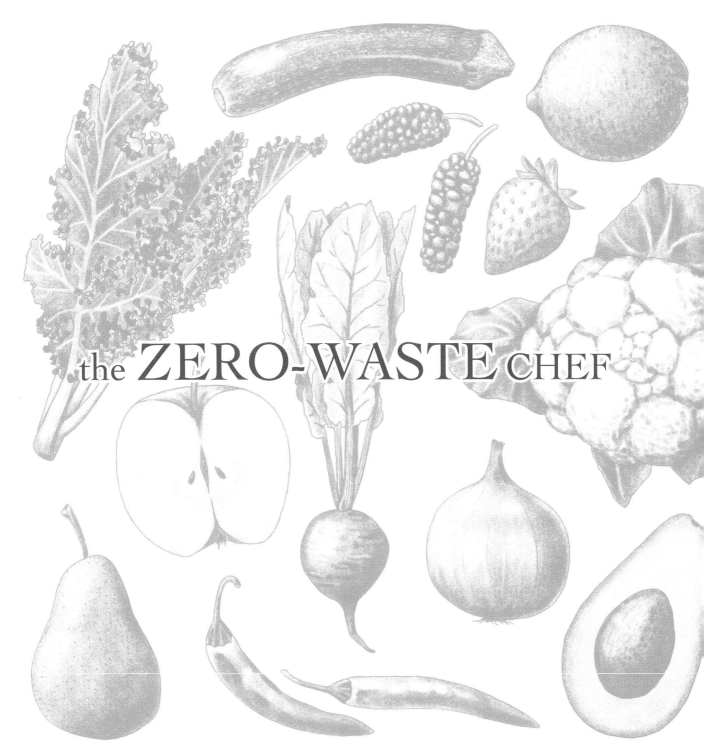

the ZERO-WASTE CHEF

第二章

像祖母那樣烹調

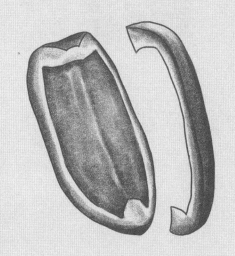

在零廢棄變成新潮流之前，我們的祖母、曾祖母已是零廢棄的實踐者。她們有效率地掌管廚房，用上每樣東西，而且不浪費任何一丁點。現今零廢棄烹調被賦予「叛逆」的象徵，但在前幾個世代，這是再正常不過了，甚至顯得乏味枯燥，現在卻很多人為此出書！

除了採用這些嶄新（傳統）的方法，採取茱莉亞・柴爾德那種毫不在乎、無所畏懼的態度能幫助你適應這個烹調系統——是的，它是一套系統。別害怕失敗，儘管去嘗試新事物，失敗不過是讓你更靠近成功的一步。在你手上會發生很多好事，不論它能否承受荷蘭鍋的重量。

自由式烹飪

告訴你一個祕密：你已經有了煮出一餐的所有食材。

與其讓慾望主宰你將煮什麼，不如讓儲藏櫃、冰箱、冷凍櫃裡的食材成為下一道餐點的材料，這個方法能消滅家裡的廚餘。

沒錯，消滅。

讓儲藏櫃決定晚餐煮什麼，與我們採購和烹調的習慣相矛盾。通常我們會先尋求一道佳餚的食譜，接著記下購物清單、採買食材、烹調。待享用後，將剩餘食物與一些未使用的零碎食材一起放入冰箱，想著以後再吃，但多數不會再碰它。

交出一些對菜單的掌控權，轉而依賴廚房的庫存，讓我們得以享用更多資源、更有創造性——既拓展既定界限，也讓烹調更加有趣！

瀏覽廚房庫存時，要記得食品製造商會使用賞味期限、銷售期限、保存期限來標示最佳新鮮度，但食材不會在賞味期限到期的那天午夜就驟然腐壞。如果一小桶過期的優酪乳看起來很好、聞起來很好、吃起來也很好，應該就沒問題。（再說，部分超過賞味期限的食物因為添加了防腐劑，並不會腐壞。）

學習煮出無食譜料理

我鼓勵你不依賴食譜去烹調，雖然聽起來跟這本烹飪書相互矛盾，但食譜不過是提供一個指導原則讓你自行調整。

這本食譜書包含了許多客製化的菜單，比如「祖母的鍋餡餅」（Granny's Pot Pie）（247 頁）、「蔬菜雜燴薄煎餅」（Eat-All-Your-Vegetables Pancakes）（195 頁）、「客製化熱炒」（Customizable Stir-Fry）（205 頁）、「綜合時蔬義式烘蛋」（Use-All-the-Vegetables Frittata）（234 頁）、「法式薄餅，瑞可塔及普羅旺斯燉菜」（Ricotta and Ratatouille Galette）（239 頁），以及更多的食譜。在諸多食譜中，我也提供了如何利用剩下的食材和剩餘食物的方法。

不用按表操課，你可以用任何在櫥櫃裡找出的食材烹調。你沒有任何道德義務必須遵從食譜的每個步驟，例如炭烤墨西哥辣椒（poblanos），你可以將番茄川燙、去皮，或者烘焙堅果再加入菜餚中，這些步驟可提升美味，但你也大可選擇跳過它們——放心，我不會因此難過！

如果不知道從哪開始製作隨性發揮的菜餚，不如來煮湯吧！通常在採購更多食材前，我會用下方的慣例程序煮出一週份的大鍋湯。

1. 用中火將兩湯匙油加熱。
2. 洋蔥切丁，嫩煎約 5 分鐘至洋蔥變軟。加入調味香料如乾燥奧勒岡（dried oregano）、孜然（cumin）、香菜（coriander），攪拌一分鐘。

3. 加入隨意切丁的蔬菜——像是剩餘的 ½ 甜椒、3 個香菇、2 片孤單的甘藍葉，攪拌 2 分鐘直到與油和香料拌勻。

4. 將蘋果切丁、丟進鍋裡。加入在櫥櫃中找到的 ¼ 杯神秘的穀物，以及 3 湯匙冰箱裡的剩飯。找到起司皮（cheese rinds）嗎？首先恭喜你保存了它，你越來越能掌握竅門了！將它加入湯裡吧！有剩餘的豆類或其他蛋白質嗎？不妨拌入其中。倒入適量的清湯或水，高度剛好淹過所有食材。

5. 熬煮至蔬菜、穀物變軟，加入鹽巴和檸檬汁（或醋），嚐一下味道。最後將多餘的香草（herbs）切碎、拌入其中。上桌前，攪入一匙的法式酸奶油（crème fra che）或者優酪乳。將浸過橄欖油、烤過的乾硬麵包塊點綴於湯品上。

做出這道湯不但讓你享有一道可口、令人心滿意足的佳餚，也避免一堆廢棄物。煮了過多的大鍋湯嗎？將它冷凍幾天或幾週，在特別忙碌的時候，取出當午餐或晚餐食用。

偶爾你會煮出一道令人失望的菜餚——就算照著食譜烹煮也可能會發生這種事——不過大部分的時候，你會發掘出意想不到的口味及組合，烹調出美味的食物。

當你創造自己的「零廢棄、無食譜」菜單，記得在煮菜過程中，不時品嚐一下味道。當你對自己的廚藝變得越加自信，你將更有把握地隨興加入一些「這個香草」或「那個蔬菜」。

預先想好下個菜單，一次用上所有食材

放慢腳步、活在當下能夠減少廢棄物的產生，因為生活步調少了一些匆忙，少了一點匆促的採購，你也不再是機械式的，而是有意識地做出決定。不過談及食物浪費，必須著眼於未來。

當你切丁、剁碎、攪拌時，進一步考量準備食材後殘渣能變身成何種模樣，或者思考吃剩的食物該如何處理。例如，你製作堅果奶後（nut milk）（125 頁），剩餘的一小壺可在隔天用來做格蘭諾拉麥片（granola）（178 頁），後天做成「隨意水果奶酥甜點」上的配料（Any-Fruit Crunchy Crumble）（299 頁）。選用蘋果來做酥皮點心的話，留下蘋果皮、蘋果核來製作蘋果碎末醋（Apple Scrap Vinegar）（113 頁）。剩餘的醋則可做成「隨心所欲而成，蜂蜜芥末醬」（As You Like It Honey Mustard）（143 頁），然後在「一豆一菜一穀沙拉」上（One-Bean, One-Vegetable, One-Grain Salad）（232 頁）淋上一點芥末醬。如果碎末醋（scrap vinegar）上生長了紅茶菌膜（SCOBY，細菌與酵母菌的共生組成），拿它來做檸檬皮屑康普茶（Lemon Zesty Kombucha）（284 頁）……然後延伸到更多、更多的食譜。

經常在廚房的桌上浸泡、發酵，或醒發些什麼，的確會省下時間，但最好隨時貯備一些即時可用的材料，免得每晚都要從零開始製作新的菜餚。誰有這麼多時間呢？

如果烤箱正好熱著，善用它來溶解椰子油以製作「酸種脆餅與綜合貝果佐料」（Sourdough Crackers with Everything-Bagel Seasoning）（263 頁）需要的麵團，或者烘烤「隨意而成的格蘭諾拉麥片」（Anything Goes Granola）（178 頁），以及黑眼豆蘑菇漢堡（Blackeyed pea and mushroom burgers）（225 頁）。或者烘焙鬆軟漢堡麵包（Soft Burger Buns）（108 頁），與此同時也烘烤一些蔬菜（200 頁）。你可以多工操作，但注意要在力所能及的範圍內。

用精簡模式來設計菜單，你不須鉅細靡遺地規畫出一整週的食物，然後記錄在一個複雜的計算表裡（除非你樂在其中！）。第一步使用儲藏櫃找到的材料，第二步靈活運用食譜來勾勒出你的菜單，第三步在剩餘食材與食物上發揮創造力，如此計畫接下來的兩、三餐。想要好好實踐零廢棄生活，就需要多一點點規畫來防止廢

棄物的產生——就像預防性藥物一般。設計菜單時，別忘了不可預期的突發事件偶爾還是會發生，例如即興的商用午餐，或臨時的晚餐邀約，雖然會打亂你的計畫，但別擔心，這無傷大雅。

在冷凍庫裡保存食物

是的，冰箱的冷凍庫會消耗能源，但大部分住在屋內的人都有冷凍櫃，而讓它運轉的化石燃料並不在乎冷凍櫃是空的還是滿的，所以不如多加利用！烹煮大量食物，冷凍起來以便於未來享用，貯存當季食物如夏日漿果，以及為了避免食物浪費，儲存沒有立即食用的食物。

無塑冷凍

當我在社交媒體展示塞滿罐子的冷凍櫃，很多人會充滿疑問，並提出下列問題：在玻璃罐中冷凍食物安全嗎？（是的。）

你是否採用適合冷凍櫃的特殊玻璃罐？（沒有，我用了各種日常用的罐子：回收罐、梅森罐、大罐子、小罐子。）

你的玻璃罐不會破裂嗎？（只有一次。）

我用玻璃罐保存食物鮮少遇到問題，但仍會採取預防措施：

- **罐子頂部一定要預留空間。** 液體冷凍時會膨脹，若不預留膨脹所需的空間，玻璃罐很可能會破裂。
- **選擇沒有瓶頸或瓶肩的寬口罐。** 兩壁垂直的罐子最適於冷凍食物。我只有一次玻璃罐破裂的經驗——但我不會再讓它發生了——我在一個細頸牛奶瓶裡裝了液體，即便預留頂部空間，當液體冷凍後，它還是膨脹了，喀嚓一聲折斷瓶頸（可惜了一個好瓶子）。哎呀呀！

Plant-Forward Recipes and Tips for a Sustainable Kitchen and Planet

- **切勿不管三七二十一，過度將罐子塞滿冷凍庫。**當你打開冷凍庫的門，罐子很可能會掉落地板，砸到你的腳指頭或者碎裂。
- **讓食物先在室溫下冷卻。**如果罐子裡裝了熱食，不要馬上放入冷凍庫。我發現先讓食物在室溫下冷卻，移至冷藏櫃庫存一晚之後再冷凍的話，食物表面很少產生結霜的現象。
- **在冷藏庫解凍。**使用前一晚，將裝了冷凍食品的罐子移到冷藏庫解凍，或者至少讓食物解凍到能從罐裡取出加熱或烹煮。減少垃圾需要提前規畫，但也沒那麼麻煩。

人們也會詢問關於「凍燒」（freezer burn）的問題。當食物中的水分在冷凍庫中蒸發，便會產生凍燒。凍燒的食物可安全食用，只不過在表面結霜、質感變得不佳。即使不使用塑膠，我也沒有太多凍燒的問題。不過食物無法無限期地在冷凍庫保存，為了最佳風味和質感，大部分的食物應在六個月內食用，而麵包則應在一至兩週內食用完畢。

我冷凍的食物

- **豆類。**用壓力鍋烹煮豆子之後，將多餘的量儲存在罐中，通常我會連同它的湯汁一起冷凍。煮過豆子的湯汁可保存起來，以備煮菜需要蔬菜湯汁時使用。
- **麵包。**烘焙發酵麵團後，將一整條麵包放入自製的布袋中冷凍，切片的麵包很快就會凍燒。一般我不會將麵包冷凍太久，頂多兩週。
- **餅乾。**因為無法抗拒甜食，所以我不常做餅乾，但如果我烘焙餅乾的話，通常會冷凍一些。
- **蘇打餅。**冷凍酸種脆餅完全沒問題！不過因為太美味了，它們很少能在冷凍

庫裡保存太久。（請見 263 頁）

- **蛋**。敲破蛋殼，打散攪拌，然後冷凍起來。蛋白很適於冷凍。

- **水果**。我不買冷凍水果，因為它們通常裝在塑膠袋裡。我的做法是在水果的季節結束前將它們冷凍起來，比如草莓、櫻桃、水蜜桃切片、葡萄。將水果清洗後切片或去核，平鋪一層在烤板上，然後放入冷凍庫。等水果冷凍之後再將它們轉移至玻璃罐中。這種方法使得冷凍漿果仍然顆粒分明，不會變成難以分開的一團水果。

- **水果皮和水果核**。如果不吃這麼多蘋果，但想製作蘋果碎末醋 （Apple Scrap Vinegar）（113 頁），將剩餘碎屑冷凍起來直到足夠用來做醋品。發酵所需的微生物能在冷凍庫裡生存，只是會睡上一覺。（請見 44 頁）

- **檸檬皮** （lemon zest）。是的，你能夠冷凍這個！用一個小罐子。

- **披薩醬**。預備一些能加快披薩的製作，請看 254 頁的食譜。

- **烘焙過的番茄**。夏季時，我會烘烤和冷凍最少一兩箱的「早熟少女」番茄（Early Girl tomatoes），作為番茄罐頭的取代品。請看 135 頁的製作方法。

- **湯品**。最愛煮上一大鍋湯，將一部分貯存於罐中，日後即可快速吃上一頓午餐或晚餐。

短期貯存食物

用布萊德・彼特（Brad Pitt）的南方口音大聲唸出：「不浪費食物的第一守則是：不買太多食品。不浪費食物的第二守則是：不買太多食品。」下一條守則就是適當貯存食物。

比起其他食品，新鮮蔬果更容易被丟棄。在理想國度裡，我們有時間一週數次造訪每日都有的在地農夫市集，購買需要的食材，然後在它們新鮮度、風味、營養

都是最佳時食用。或者,你可以漫步到庭院裡,從那片豐美、多產的菜園中,採收需要的蔬果。對大部分的人而言,這些場景不是不可能,就是不實際。不過假如我們能妥善、小心地保存蔬果,就會減少它們在食用前變壞的機率。

廚房中的化學:乙烯氣體

乙烯是由小型碳氫化合物所組成的氣體,能促使水果成熟,使它變軟、改變質地與風味。許多水果與一些蔬菜會自然地釋放這種賀爾蒙,但大型食品企業會利用乙烯來催熟過早採收的水果,例如番茄。這些食品企業採收未熟、青澀、堅硬的番茄,注入乙烯致使它們變紅,如此製造商便能長途運輸番茄而不會損傷它們。它們味道極差但能忍受長途跋涉,並符合當今審美觀的標準。

有些具乙烯敏感性的蔬果一旦接觸乙烯,就會過熟、變質,所以最好將它們遠離會釋放乙烯的蔬果。

具乙烯釋放性的食物

- 蘋果(apples)
- 香蕉(bananas)
- 梨子(pears)
- 杏(apricots)
- 哈密瓜(cantaloupe)
- 李子(plums)
- 酪梨(avocados)
- 水蜜桃(peaches)
- 番茄(tomatoes)

具乙烯敏感性的食物

- 蘋果(apples)
- 白菜花(cauliflower)
- 檸檬(lemon)
- 櫛瓜(summer squash)
- 蘆筍(asparagus)
- 黃瓜(cucumbers)
- 生菜(lettuce)
- 蕃薯(sweet potatoes)
- 綠花椰菜(broccoli)
- 茄子(eggplants)
- 洋蔥(onions)
- 西瓜(watermelon)

- 抱子甘藍（brussels sprouts）
- 香芹（Parsley）
- 豌豆（peas）
- 紅蘿蔔（carrots）
- 綠豆（green beans）
- 羽衣甘藍（kale）

　　有些蔬果如蘋果，能釋放乙烯但無法承受它，也就是蘋果同時具有乙烯釋放性和乙烯敏感性。疑惑不解嗎？不確定的話，不妨遵照這個基本原則：將蔬菜、水果分開，然後讓所有蔬果都遠離香蕉。但假如你想讓那顆硬梆梆的酪梨快點成熟，就把它放入一盆正在變熟的水果之中。

蔬果貯存在何處新鮮度最佳

　　如果能夠在一至三天內採買食用蔬果，那麼大部分都可擺放在無陽光直射的廚房檯面上。

　　但事實上，多數人無法兩、三天就採購一次。

貯存在冰箱之外

　　冰箱溫度通常設定在華氏 30 多度（約攝氏 0 度至 4 度之間），許多蔬果在這樣的溫度中會改變風味與質地。永遠不要將番茄（tomatoes）貯存在冰箱內，除非你喜歡它變得粉質無味。番茄可儲放在室溫之下（當然室內不能過熱），還有酪梨（avocados）、香蕉（bananas）、瓜類（melons）、南瓜（pumpkins）、馬鈴薯（potatoes）（包括蕃薯（sweet potatoes）），以及冬南瓜（winter squash）。洋蔥（onions）和紅蔥（shallots）也是在冰箱外會保存得比較好，不過不要跟馬鈴薯（potatoes）放在一起，它們會產生交互作用、加速彼此的損壞。

貯存在冰箱之內

採收之後，蔬菜仍持續進行呼吸，吸收氧氣、釋放二氧化碳及水。呼吸速率較高的蔬菜適合貯放於冰箱裡的蔬菜保存盒，以利於保存水分，而主要冷藏空間會吸取蔬菜中的水分。呼吸速率高的蔬菜包含：洋薊（artichokes）、蘆筍（asparagus）、綠花椰菜（broccoli）、抱子甘藍（Brussels sprouts）、青蔥（scallions）、蘑菇（mushrooms）、甜玉米（sweet corn）。

將會呼吸的蔬菜放在布料蔬果袋，使它可以持續呼吸。大型蔬菜例如高麗菜（cabbage）、白菜花（cauliflower）不用蔬果袋就可買回家，它們就不用裝袋、可直接放入蔬菜保存盒。

置放於水罐中

有些蔬菜放在室溫下的水罐裡，可以存放很長一段時間，例如：蘆筍（asparagus）、羅勒（basil）、西芹（celery）。

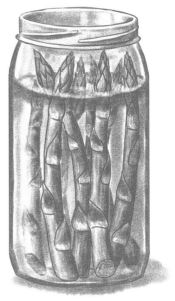

堆肥

理想中，我們所有人都能吃完所有購買的食物，不幸的是垃圾還是產生了！你生病了、吃不下所買的食物，你的孩子不在家而在朋友家吃晚餐，或者你純粹買太多了。如果無法吃，可以把它發酵、冷凍，或者餵養你的雞……但因為你沒有飼養雞，這些食物就會腐爛，不如做成堆肥吧！腐壞的食物歸屬堆肥，而不是垃圾掩埋場。

廚餘在掩埋場被緊緊壓縮，因缺乏氧氣而進行厭氧分解，釋放甲烷氣體到大氣層中。我們都知道以二十年為週期來看，甲烷是更為強大的溫室氣體，增溫強度為二氧化碳的 84 倍。

換個方法，把這些廚餘作為堆肥，它就能減少溫室氣體的排放量。當農夫及園

丁把堆肥加入土壤中，它增加了泥土從大氣層吸收二氧化碳的能力。

如果你在後院有一方泥土地，今天就可以進行堆肥。蒐集食物殘渣：水果與蔬菜皮、孩子午餐吃剩的廚餘、發霉的蔬果，但不要有任何油膩的食物。將它裝進一個大容器中，然後在一天結束的時候丟到泥土上，並用褐色物質（例如乾燥樹葉）加以覆蓋。明天再重複，或者每幾天就加一些食物殘渣。記得保持它的濕度，就像海綿擠壓起來的潮濕感一樣。你也可以自行製作或購買一個垃圾箱。

住在寒冷地帶？我的姊妹住在「大白北」（the Great White North，加拿大的暱稱），她一年四季都在堆肥，將廚餘丟到外頭的一團堆肥物中，任由它結凍、解凍、腐爛。

如果你住在沒有庭院的公寓裡，不如考慮蚓糞堆肥（用蚯蚓製作堆肥）。將一箱紅蚯蚓放在便利之處，以各種食物殘渣飼養牠們，牠們就會將廚餘轉變為賦有泥土香味及豐富養份的材料，適於室內植物或者贈予做園藝的朋友。

你居住的城市或許可以在路邊回收廚餘，或者設有廚餘接收站，聯繫你城市的廢棄物管理處，詢問是否有提供這項服務。

清潔

邊做邊清潔！十幾歲時，我在速食餐廳工作，經理總會反覆地告誡我們這個道理，到最後它留給我不可磨滅的印象。邊做邊清潔能幫助你使用在廚房時，變得順暢而有效率。

洗碗時，尋找固體、塊狀的洗碗皂，或者散裝的洗碗精。小蘇打或醋，或這兩種的混合液對清潔具有神奇的功效。我讓我的蘋果碎末醋（Apple Scrap Vinegar）（113 頁）或康普茶（Kombucha）（284 頁）持續發酵到成為濃醋，然後用舊 T 恤衫剪成的碎布來清潔。可重複使用的非紙質廚房餐巾也非常好用。

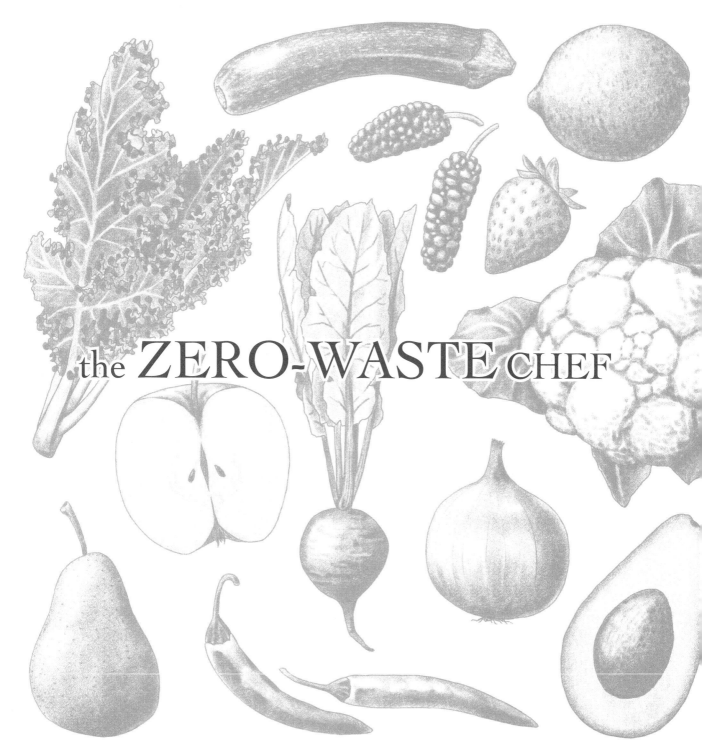

the ZERO-WASTE CHEF

第三章

文化改革：發酵食物

自幾千年以前，不同文化的人們就已經開始製作發酵食物了。這種製作方式——從食物、空氣、雙手上採集有益的菌種（好菌）和酵母菌——將食物整體變得更美好、也更美味。

許多人一旦掉進了零廢棄生活的「無底洞」，便會在偶然間發掘發酵食品的魔力。你可能會從製作天然醋開始——然後發現它有多可口和低成本——接著就會開始想做酸種麵包（sourdough bread）、醃製蔬菜、優酪乳、薑汁啤酒（ginger beer）。

這本書會提供你製作發酵穀物、蔬果、豆類、乳製品、飲品的食譜。雖然每一類會產生不同風味獨特且濃郁的發酵食物，但它們都從相似的手法開始：將食材裝進容器中，蓋上，然後耐心等候。難度高一點的食譜會要求每天攪拌。即便「耐心等候」與我們習以為常的消費文化大相逕庭，但太多的便利已然造成生態危機。對此，「耐心等候」必將扮演不可或缺的改革角色。

發酵食物的益處

近年來，發酵食物再度蔚為風潮。當我們檢視這種傳統的製造食物方法有多少好處——尤其是在家自己製作——便不會對此感到訝異。

保存食物，而非浪費食物

發酵能延長食物在架上的壽命，並提供保存食物的方法、減少食物浪費。以牛

奶為例，將鮮奶加熱後，加入少量幾匙的優酪活性乳酸菌，在溫熱的鍋內靜置一晚，隔天早上，存在於少量優酪乳中的菌種便會將鮮奶轉變為原味優酪乳，將原本鮮奶的保存期限延長好幾週！

風味絕佳的美食

眾所喜愛、通常也較為昂貴的食品，舉凡酸種麵包、泡菜、康普茶（kombucha）、醃黃瓜、酸奶油（sour cream）、起司、啤酒、葡萄酒、醋、巧克力、咖啡、茶等等，都依賴發酵程序來引發其獨特、層次豐富且濃厚的風味。如果你為了環保或者健康的理由（或兩者皆是）想嘗試食用更多蔬菜，又擔心若沒有足夠鮮味的肉或魚作為主食，餐點會平淡無味，那麼不妨在充滿蔬菜的餐盤中加入自己發酵的客製化辣椒醬（Pick-Your-Peppers Hot Sauce）（103 頁）、辣勁十足泡菜（Simple Spicy Kimchi）（213 頁），或者醃漬檸檬（Preserved Lemons）（107 頁）。這些配料將使任何一餐變得意想不到地美味！想來些點心嗎？濃郁的酸種脆餅（sourdough cracker）起司味十足，又不含任何起司。

減緩焦慮，提升健康

2011 年，我展開了無塑生活，這也使得我必須推翻原本的飲食習慣。除了不再採買加工食品（這些絕大部分都用塑料包裝），也開始食用含有豐富纖維的原型食物，例如蔬菜、水果、豆類、全穀物，同時自己製作並食用更多的發酵食物。換來的結果是：現在我幾乎很少生病。

除了更加健康，我也不再那麼焦慮。（由於家族遺傳下來的焦慮基因，使得我很容易感到焦慮。）或許成熟度、年歲增長所帶來的智慧、對人類現狀的稀有洞見有助於減緩焦慮，但我真心覺得那要歸功於優酪乳。近年來許多研究報告都提供有力的證據，指出益生菌能減緩焦慮的症狀。

如果這樣軼事性的證據不足以說服你開始醃漬青豆（dilly beans），那麼以下這些呢？

- 如同胃一般，發酵提前分解了食物，讓人體更容易消化、吸收。
- 發酵能減低食物中抗營養因子的數量。含於穀類、堅果、種子、豆類、小扁豆（lentils）中的植酸一旦與礦物質結合，便使得這些礦物質無法被人體吸收。發酵破壞它們之間的連結，釋放出這些營養素。

為什麼發酵食品安全無虞？

常有人在線上或當面告訴我，他們不敢在自家廚房發酵食物，害怕不小心讓全家人食用含有肉毒桿菌的蔬菜而中毒死亡。事實上，發酵遠比其他處理食材的方式安全。

所有植物皆含有厭氧性乳酸菌，當你把食物浸泡於液體中，阻斷氧氣，它們就會生長。例如將包心菜切碎後泡在液體裡，菌種將食用白菜中的糖分而生長、產生乳酸菌。這些乳酸菌不旦把包心菜轉變為濃郁的酸泡菜，也抑制了壞菌的生長。就連引發中毒的肉毒桿菌也無法在乳酸發酵的環境中存活──它不會生長於酸鹼值 4.6 以下的環境。（相較之下，酸白菜則必須低於這個酸鹼值才能發酵。）

美國農業部專門研究發酵食物的微生物學家弗雷德‧布萊特（Fred Breidt）指出：「我可以大膽地聲明：發酵食物並不會不安全。引起發酵的乳酸菌是這世上殺滅其他細菌最強大的菌種。」布萊特進一步分析，如果生菜在農場中感染了大腸桿菌，這些生菜對健康的威脅性比發酵蔬菜更大。

就像製作任何食物一樣，發酵食物當然也要遵循基本的食物安全原則。開始前先清洗雙手，並用溫熱的肥皂水清洗切菜的砧板與使用器具。除此之外，你不用過分地擔憂。

- 發酵會強化食物的營養。某些特定乳酸菌種可增加優酪乳中的維生素 B 核黃素、葉酸、菸鹼酸。與短期發酵相比，酸麵團（sourdough）經過長期發酵更能保存穀物中的硫胺素和核黃素。（維生素 B 群利於細胞健全及運作；核黃素、菸鹼酸、硫胺素能將食物轉化成能量；葉酸促成 DNA 和 RNA 的形成。）

- 長期發酵的酸種麵包具有比精緻澱粉更低的升糖指數，能較緩地釋放葡萄糖到血液中，縮短胰島素峰值時間。

- 長期發酵的酸種麵包比商業酵母更能分解麩質，利於患有麩質不耐症的人。

- 發酵過的蔬果會產生益生菌，一種好菌。

消耗最少的能源與力氣

　　如果製作發酵食品需要消耗能源，那也是極少量的。將高麗菜轉變為德式酸菜（sauerkraut）的能源來自於罐子中的細菌，而非外界的壓裂採氣或者——隨你怎麼稱呼它——「乾淨煤炭」。煮過的德式酸菜無需冷藏，就能在室溫下保存數月之久（除非室內非常溫暖）。當化石燃料逐漸被淘汰，發酵對食物製作來說將扮演一個重要的角色。

　　加上發酵食物很容易製作，你只需要最基本的烹飪技巧。你能用刀子切高麗菜，就能做出德式酸菜；能泡一壺茶，就能做出康普茶。每當我發酵一樣新的食品，我總會想：「做這些就好了嗎？那我不是早該知道要怎麼做了嗎？」

經濟效益

　　你可以花大把鈔票購買特殊器材來發酵食物，但這並非必要，本書 63 至 66 頁已列舉你所需要的器具。不過就算買了特別的器具，發酵食品所省下的錢也會讓你很快回本。

一小桶店裡購買的法式酸奶油（crème fraîche）價位為 7 美元（約 200 元台幣）；我可以用一半的價錢來買「牧場飼養」的有機鮮奶油（pasture-raised, organic cream）來做出相同份量的酸奶油。一瓶現成的康普茶價位在 4 到 5 美元之間（約 114 到 142 元台幣之間），我用最好的有機散裝茶葉——價錢不超過 50 美分（約 14 元台幣）——能做出 16 盎司（480 ml）的自製康普茶。一小罐醃檸檬價位可高達 8 美元（約 228 元台幣），令人望之卻步，我在自家庭院的檸檬樹採收檸檬，自製醃檸檬幾乎不用任何費用。

自製發酵食物遠比購買店裡的食品便宜，也能讓你省下一大筆購買益生菌補充劑的費用。賈斯汀和艾瑞卡．桑嫩伯格（Justin and Erica Sonnenburg）為當代先驅學者，致力於研究人體內微生物叢對健康的重要性。他們撰寫《健全腸胃》（The Good Gut）一書並在文中指出：既然我們無法確定益生菌補充劑將造成何種影響，顯然發酵食品對我們更加有益，因為它本身就包含了多種微生物。

一罐益生菌補充劑的錢足以讓我發酵半年份的德國酸菜，或者製作好幾罐優酪乳——而且這些食物可口多了！

發酵是一種抗爭

對我而言，自製一罐德國酸菜不僅為了美味或健康，也是為了對抗我們崩壞的糧食體系。製作自己的食物讓我們從被動的消費者成為主動的製造者，使得我們不會只依賴大型食品企業來餵養我們。

我並非說發酵能拯救世界，但這種製作食物的方式確實更能讓我們與大自然和諧共存——說到底食物是有生命的——藉此也更能維護及保護自然環境。

排解疑難

即便非常安全（見 38 頁），但發酵有時很可能，也確實會發生問題。

酸麵團緊實沉重、無法膨脹

請記得烘焙酸麵團需要耐性。比起成功率高的烘焙酵母，廚房的溫度及濕度、麵粉的種類、甚至手上的細菌都會影響你的酸麵團。要有耐性且常做筆記。如果使用烘焙磚塊，可能會讓基礎發酵時間過長。許多初學者會用它，期待麵包能完美地膨脹起來，但事實上麵團卻逐漸分裂、倒塌成一團麵糊，回到最初的「起種」（starter，意即首次拿來做酸種麵包的麵糊）。

「卡姆酵母菌」（Kahm yeast）

你勤奮地保存製做蘋果奶酥（apple crumble）（299 頁）時所有的剩餘食材、果皮、果核，然後放入罐中，加入水及一點糖來釀造你的第一批「碎末醋」（scrap vinegar）。剛開始的幾週非常順利，氣泡產生了，水果香味逐漸變成酒精味，然後轉成醋味，你對頭一批釀造的醋寄予厚望。接著某天早上，你往罐子裡頭探視，卻發現液體表面長了一層米色的乾膜——不禁心裡一沉。

不用丟棄所有的發酵品！很可能是你首度遇見——但也許也不會是最後一次——「卡姆酵母菌」的入侵。微生物食用大部分的糖分、無法再產生醋酸進行發酵之後，這種無害但惱人的酵母菌便會出現在甜味的發酵食品（如水果、甜菜）表層。這時你只需用一根乾淨的湯匙，盡量把卡姆酵母刮除，但你可能無法全部除盡。如果它又生長了，就再刮一次。為了避免卡姆酵母出現在你釀造的液體——如「碎

末醋」——之中，可以一日攪拌數次，以防止微生物居住其中。

發霉、軟爛的蔬菜

　　若置之不理，卡姆酵母可長成可畏但稀有的黴菌。當黴菌進攻你的發酵蔬菜，你可以辨識出來，它看起來很像在麵包上的黴菌：突出、長毛，且通常是白色、綠色、或黑色的。一旦接觸空氣，最上層的蔬菜很可能會變成褐色、軟爛。將這層蔬菜做成堆肥，好好浸泡剩餘的蔬菜。

　　若長了白色黴菌，盡量將它刮除。如果其他顏色出現：橘色、粉紅色、綠色、黑色，移除受影響的一整層蔬菜，做成堆肥。請不要輕言放棄！為了有效避免下次再產生黴菌，將發酵食品儲存在房間內，或房間內不過冷和過熱的區域。金髮姑娘溫度（Goldilocks，意即適宜有度、恰到好處的溫度）在華氏 65 到 70 度（攝氏 18 到 21 度）之間。加入足夠的鹽巴以遏止不樂見的細菌生長其中。記得用一雙乾淨的手、乾淨的工作檯、乾淨的器具來製作食物。

　　黴菌仰賴氧氣成長，所以無法生長在液體裡面。它只能長在液體表面，或者幾個突出液體表面、特立獨行的蔬菜上。人們經常傳送康普茶的照片給我看，將液體之下幾株長條、棕褐色的酵母菌誤認為黴菌；恰好相反，這些長條代表發酵成功了！就像發酵蔬菜，在康普茶表面或紅茶菌膜（SCOBY）表面的黴菌長得就像黴菌，可惜的是你沒法搶救康普茶。某些特定具有毒性的麴菌屬（Aspergillus）黴菌會長在康普茶上。（其他麴菌屬（Aspergillus）種類則不帶有毒性。）倒掉康普茶，將紅茶菌膜做成堆肥。如果你製作了紅茶菌膜旅館（SCOBY hotel），用剩餘的紅茶菌膜重新製造一個（287 頁）。為避免黴菌出現在新培養的一批上，加入含有活性菌膜的康普茶或蘋果醋加以防禦（114 頁）。一定要等茶品變涼以後再加入康普茶或醋，以及紅茶菌膜。將紅茶菌膜放置於室溫之下，它會持續製造遏止黴菌生長的醋酸。

移除出現在酸麵種（sourdough starter）表面的黴菌，但如果它已深入麵團就必須重新製作——運用你的判斷力來衡量情況。如果黴菌不但生長在起種上，也出現在它的住所——罐子裡——移除一部分的起種，然後在全新、乾淨的罐子中培養。你的酸麵種可能會開始散發異味：強勁的醋酸味、酒精味，甚至聞起來像髒襪子一樣。培養幾次後酸麵種就能重振旗鼓，改善強烈的味道。我第一次聞到起種發出丙酮味，還以為我毀了它，但它還活著、只是很饑餓罷了！

萎縮的紅茶菌膜

如果你的紅茶菌膜萎縮或出現小洞，它可能只是不喜愛你餵養的甜味劑。你需要使用純糖（real sugar），而非甜菊糖（stevia）。如果你想用其他甜味劑來實驗，例如蜂蜜、楓糖漿，或者糖蜜（molasses），等有多餘的紅茶菌膜再實驗吧！糖分會起效用，你會開始認識康普茶（或者「薑汁自然發酵飲」（ginger bug））應有的反應及樣子。選用蔗糖（table sugar）、有機蔗糖（organic cane sugar）、原蔗糖（rapadura）、椰糖（coconut sugar）、天然蔗糖（sucanat），或者粗糖（jaggery）。

別被加入康普茶和其他發酵飲的糖量嚇到，細菌和酵母菌需要這些糖分來存活、繁殖生長，它們會把大部分的糖分消耗掉。

酸味過重的康普茶

一旦康普茶開始發酵，含糖量就會減低。如果發酵時間過長、糖分減至微量，口味就會變得過酸，這時你可能不會想再喝它（但你反倒做出很棒的自製醋品）。製作下批康普茶時，記得縮短發酵時間。你也可以將太酸的這批加入新一批過甜的康普茶裡，藉以平衡它的酸、甜口味。

休止狀態

特別是在嘗試新的發酵食物時，你可能會等著它活絡起來卻遲遲看不到跡象，然後有天它卻突然甦醒！有以下幾種因素會妨礙發酵。

溫度

寒冷的環境會令發酵遲緩，將罐子移到溫暖一點的地方就可以解決這個問題。

氯化水

自來水中高量的氯會阻止發酵。飲用水供應系統加入的氯，能同時殺死壞的和好的微生物——包含發酵所需的好菌和酵母菌。如果未經加工處理的天然蔬菜、康普茶、酸麵種或其他發酵食物，加水之後卻不見代表生命跡象的氣泡，而自來水又帶有強烈的氯的氣味，可能水就是問題所在了。幸運的是只要幾天，你就能簡單地移除水中的氯。

介紹一個低技術、超前部署的策略：將水注滿一個寬口罐或一個大碗，用布蓋住以免汙染物進入。一兩天後，氯便會從寬廣的表面積蒸發。如果想要快一點拿到水，將水煮沸 20 分鐘，不加蓋。你必需等它變涼才能加入進行發酵的食物中，否則高溫會殺死發酵食品裡的微生物。有些濾水器也能移除氯。

許多市政當局開始用氯胺——一種氯和氨的混合物——處理飲用水，氯胺無法被蒸發或用煮沸的方式移除。一個良好、價錢不算低的濾水器，能夠幫助你移去氯胺。

食品輻照

雖然我偏好有機蔬果，但有機或非有機的蔬果都可拿來發酵。不過如果要發酵薑，就要選擇有機的薑。非有機的薑可能經過食品輻照：一種將食物短暫地暴露在

輻射下來滅除微生物的處理方式。輻射不只殺死壞的微生物，也殺死好的微生物，導致你無法為含薑食譜進行發酵。薑只要經過輻射——就像所有食品——就無法標示為有機。

缺乏飼養

沒有動靜的起種，例如酸麵團、薑汁自然發酵飲，可能只是需要食物。為了確認有固定飼養他們，追蹤你的飼養紀錄——至少初期時要這麼做。即便擁有強韌的生命力，若不飼養起種，他們還是會死亡。用記號筆在罐子上寫下他們上一次飼養的日期，或者記錄在日曆中。我會將櫃子上的康普茶紅茶菌膜依照飼養日期排列，從最新飼養（最左邊）排到最早飼養（最右邊）。

the ZERO-WASTE CHEF

第四章

有什麼是罐子做不到的？
發酵用具

你需要適當的器具才能運作零廢棄廚房，但別把不需要、不會用到的東西帶回家。若將麥可‧波倫（Michael Pollan）對飲食的至理名言（Eat food. Not too much. Mostly plants.）套用在購買廚房器具或平時購物上，可即興地改編為：買優質的、適量的、大多數用過的。

理想上你的廚房用具應有多種用途。你可以買一個香蕉形狀的器具，切出同等大小的香蕉片；買一個柔韌的塑料圓錐體來為大蒜去皮；再買另一個工具將酪梨切開、去核、切片。或者你可以買一個主廚刀（chef's knife）來做以上這些以及更多的事。

在此章節中，我預設你已經有了基本配備，包括：攪拌碗、量杯、量匙、鐵製烤盤（baking sheets）、烘焙器皿（baking dishes）、木湯匙等等。並會列出一些實現零廢棄需要的基礎設備與工具，以及為了烹煮本書食譜所需的器材。

建議你購物前，停下來思考一下。減少垃圾最好的方法是減少消費，倘若覺得需要什麼，不如等個一兩週再進行購買；有可能一週之後，你已經忘了它、覺得不需要它，或在家中找到了解決方法。例如，你可能覺得需要買一些塑料容器來儲存剩餘食物，但在櫥櫃深處找到一些可使用的大罐子。使用這些玻璃罐不只減少消費，也讓你能一眼看到罐中的內容物，以利於減少食物浪費。

零廢棄廚師的用具

罐子，51 頁

廚師用具，55 頁

小型電器，57 頁

炊具，58 頁

酸麵團器材，61 頁

發酵器具，63 頁

罐子

在廚房中我最常使用的三個工具是:

1. 罐子
2. 罐子
3. 罐子

我沒想過 2011 年展開無塑生活後,會開始迷戀罐子。對我來說,不管囤積多少罐子,似乎永遠不夠。但我也不會隨意買下看到的所有罐子(一個在生活各層面都可運用的法則)。我對果醬罐的渴望,就像有些人渴望鞋子一樣。如果你還沒像我一樣,盡可能在合理範圍內蒐集罐子——那就再蒐集一遍。

罐子用途

儲存食物

- **確保新鮮蔬果的新鮮度。**如果將羅勒(basil)、蘆筍(asparagus)、西芹(celery)放進廚房檯面的水罐裡,他們能夠保存得很好。

- **手上的食材清晰可見。**假如將剩餘的辣椒(chili)放在不透明的罐子裡,你可能會忘了它,直到數月之後無意間看到它已變成不能食用的殘渣。將食物貯存在玻璃罐裡,這樣不論在冷藏庫、冷凍庫或櫥櫃,都能清晰看見罐中的內容物,更有助於減少食物浪費。

- **冷凍食物。**我用玻璃罐來冷凍各式各樣的食物,建議只使用兩壁垂直的寬口罐——有弧度的瓶肩容易破裂。還有,待食物冷卻後再放入冷凍庫中。請見 25-26 頁。

儲備食材

- 必要時再擀平麵團。
- 飼養和保存酸麵種（sourdough starter）——我的埃莉諾。（依據傳統，酸麵團的烘焙者將會生長、需要飼養的酸麵種視為一個生命體，因此會為它安上一個名字，一方面也便於區別不同的酸麵種。）
- 製作香草精。
- 將半顆酪梨與一些洋蔥丁一起放入冰箱內，以維持酪梨的新鮮。
- 過濾優酪乳來製作希臘優格或脫乳清酸奶（labneh）（又稱希臘起司）。
- 培育種子使其發芽。
- 釀造康普茶（Kombucha）。
- 發酵任何東西。

取得寬口漏斗，可以讓充滿罐子的生活過得輕鬆一點。它能讓你更便利地填充罐子，以免食物四處灑落。我的不鏽鋼寬口漏斗已經用了二十年了，它們永不損壞。

當需要更多罐子的時候

你可以花很多錢購買美觀、合用的罐子，或者，你可以開始收集罐裝食物自帶的罐子，並善用已有的那些物品。當你在購物的時候，發現你只有在端詳完罐子、確認它值得納入收藏之後，才會開始閱讀上面的成分標籤……一旦走到了這一步，這表示你的罐子上癮症已經無可救藥了。

你會驚喜地發現很多地方都能找到丟棄的罐子：在住處或工作處所的回收箱、當地的餐廳、咖啡廳、酒吧。到最後你對罐子的著迷已聲名遠播，然後你的親友、鄰居很可能也會開始為你蒐集罐子……直到他們也感染了囤積罐子的病毒。

除去罐子的標籤與異味

　　不同於購買全新的罐子，廢物利用的罐子需要重新清潔，零廢棄生活得付出的代價就是「天下沒有白吃的午餐」：沒有從天而降的免費罐子。

　　大部分的罐子仍存有標籤，而且通常最大、最好的罐子曾拿來醃漬某些食品——換句話說，它的蓋子充滿異味。在此提供處理這類問題最簡單的方法：

1. 嘗試用水移除標籤

　　如果幸運的話，將罐子泡在水中數小時之後，就能一次將標籤撕下。這個小技巧適用於紙標籤。

2. 倘若水沒有用，用油

　　或者你可以直接使用油，而略過用水的步驟。即便浸泡在水中，通常標籤的一部分或者黏膠仍會殘留，你可藉由油來溶解它們。如果你有任何變質的油品，保存這些油來去除瓶罐上的標籤。

　　在標籤上塗抹油，靜置一晚後撕下能去除的部分，當然，你也可能會需要塗抹更多的油並且重複這個步驟。

　　在油中加入小蘇打，混合成糊狀，使它能夠緊附在罐上。假如你要移除的是花生醬罐子的標籤，而罐中還殘留一丁點花生醬，將它塗抹在標籤上，並靜置一段時間。

3. 移除有黏性的殘留物

　　要移除那厚厚一層的黏性殘留物，麵團刮刀（dough scraper）或者信用卡是不錯的選擇，盡己所能清除大部分的黏性物質之後，使用銅刷或小蘇打來刷洗剩餘的部分。

4. 充滿異味的蓋子

　　清洗玻璃罐很容易就能去除罐裡的醃漬味（或其他味道），可惜這對蓋子起不了作用。

　　除去蓋子異味最好、也最有效的方法，就是在晴朗的日子裡，將蓋子有味道的那面朝上，在陽光底下曝曬數小時。第一次嘗試時，我感到非常驚奇：它實在太有效了，又不浪費能源——不論是從輸電網或使用者的角度——而且完全免費。

廚師用具

一把好刀。安東尼・波登（Anthony Bourdain）在他最暢銷的一本傳記《廚房機密檔案》（Kitchen Confidential）中建議：與其買下龐大的木製刀具組——而且你永遠不會用它們，不如買一把好的主廚刀。多年前，我的前男友曾經送我一組非常昂貴的刀，但我其實不需要它們；我只能想像他是因為對某件事感到罪惡才買下來送我的。我每天用的就是一把 7 英吋的主廚刀、削皮刀（paring knife）以及麵包刀（breadknife）。如果你現在只想買一把刀，就從主廚刀開始。

木砧板。根據 2019 年的一項研究報告指出，每人一週大約食用一張信用卡這麼多的塑膠微粒，大約 5 克這麼多，而我們吃下去的塑膠大部分來自於水及貝類。你真的希望有更多食物接觸塑膠嗎？在木頭上切碎、在木頭上搓揉、在木頭上擀製西點吧！木頭美觀而持久。

錐形木擀麵棍（tapered wooden rolling pin）。任何擀麵棍都行，但我發現錐形擀麵棍最能夠平均地擀平西點、餅乾和麵團，例如製作酸種焦糖果仁麵包卷（Sourdough Sticky Buns）（173 頁）。如果要做義大利麵，義大利麵製麵機（pasta machine）當然非常好用，但用擀麵棍同樣辦得到。

烘焙石板（baking stone）。假如沒有這個器具，也可用餅乾烤盤（cookie sheet）或大型的鑄鐵鍋（cast-iron pan）來烘烤披薩。倘若有這個器具卻沒有荷蘭鍋（Dutch oven）來烘焙酸種麵包（sourdough bread），就用烘焙石板。

披薩板（pizza peel）。易於鏟起披薩、置於烘焙石板之後便捷地抽出；也可當作披薩的擺盤。

披薩輪刀（pizza wheel）。刀子也有相同用途，但這個工具除了能切開披薩，

也有助於快速地切開自製餅乾（homemade crackers）。

金屬攪拌器（metal whisk）。 用於過篩乾燥食材、攪拌義式白醬（bechamel sauce）等許多用途。

篩網（sieve）與薄布。 當過篩蔬菜清湯（vegetable broth）、堅果奶（nut milks）、墨西哥特帕切發酵飲（tepache）等許多食材時，你會用到這個組合，也可以用堅果奶袋（過濾袋）來取代。

食品研磨器（food mill）。 我用食品研磨器來去除番茄皮、研磨（purée）烘烤過的蔬菜，如南瓜。假使沒有食品研磨器，也可以用食物處理機（food processor）來進行這些任務。

你的五官與智慧。 我很感謝我那壽命短暫的數位溫度計，經過多次的練習，現在不論是製作優酪乳、活化商業酵母（commercial yeast）、測試酸麵團發酵的水溫，我都可以用感官來作出判斷。

製作優酪乳時，我能從鍋沿剛剛形成的氣泡來辨認牛奶是否達到理想中「即將煮沸又還未沸騰」的溫度。當活化烘焙酵母（baker's yeast）時，我能從碰觸水溫來判斷是否已達正確的溫度（約 110°F，即 43.3°C）。剛開始你會需要溫度計，不過經驗的累積能讓你擁有感知「達標」的能力。一旦溫度計壞了、且經常烹調一段時間之後，可能就不需要它了。當然，永遠別將手指放入滾燙的熱水中！

同理可證，你不需要應用程式或者 6000 美金的智慧型功能冰箱來警示食物要壞了。如果你覺得剩餘的美式鍋餡餅（pot pie）可能變質了，拿起來聞一聞、看一看，如果看起來很好也通過了嗅覺測試，應該就沒問題。

小型電器

　　許多相當不錯的小型電器最後卻躺在櫥櫃上，不只原封不動更佔用珍貴的空間。但是，我也擁有一些小型電器能大幅減少準備時間，且在我狹小的廚房裡享有正當的位置。

　　食物處理機。食物處理機能加速西點製作，也能做出堅果醬（nut butters）、義式青醬（pesto）、麵糊（batter）以及許多其他食物。有些食譜可用攪拌機取代，端看你有的是哪一種。

　　香料研磨機（spice grinder）。可拿來做「爐灶爆米花配上玉米脆片起司醬」（Stovetop Popcorn with Nacho Cheese Seasoning）（275 頁）所需的配料，可用以研磨香料、超細香草糖以及其他食材。

　　攪拌機。用來製作堅果奶、搭配墨西哥鄉村煎蛋（huevos rancheros）的莎莎醬（salsa）、辣椒混和醬（chili spice blend）以及更多的料理。我使用的基本款攪拌機是在廣告網站「克雷格列表」（Craigslist）找到的，價位比一個全新、豪華攪拌機的銷售稅還低。我對它使用了玻璃瓶感到很滿意，這樣熱食就不會接觸塑膠。

　　格子鬆餅烤盤（waffle iron）。不用它很難做出格子鬆餅（waffles）。

　　壓力鍋。你可以用鍋子、慢燉鍋或壓力鍋來煮豆子，我選擇壓力鍋，比起使用爐灶或者慢燉鍋，它只需一點時間就能燉煮浸泡過的豆子。幾分鐘的時間，我就可以拿它來做完善營養南瓜派（whole pie pumpkins）或蔬菜清湯。額外的好處：壓力鍋還能大幅減低你的能源消耗。

　　麵包機（bread maker）。這是你的烤箱。

炊具

如果時光能倒流，我會告訴年輕的自己不要囤積不沾系列的炊具來烹調這麼多年，然後幫她購買不鏽鋼、鑄鐵、琺瑯鑄鐵的廚房用具。（我也會告訴她遠遠避開那個叫安東尼奧（Antonio）的男人。）

不沾塗層會讓消費者接觸全氟烷基物質（PFAS, or perfluoroalkyl substances）——一種永久性的化學物質，讓鍋子表層光滑到不用加油就能煎蛋。自 70 年代末期，人們便想辦法剔除飲食中的油脂，而商家的宣傳手法正好將這個主要營養素污名化，這種誤導的手段將人體所需的油脂排除在外，同時增加我們接觸化學物質的風險。油脂不只美味，也具有供給能量、增強一些特定維生素及礦物質的吸收、支持細胞生長、保護內臟等諸多好處。如果你希望鍋子表層不沾黏，重複使用鑄鐵鍋可製造這個功效。

不論你是想逐漸取代不沾鍋系列的炊具，或者是初次購買鍋具，透過慎選每一個器具，就能組建出一小組你喜愛、也會使用的工具。這可能幫你省下一筆錢，尤其是當你可以找到一些二手炊具的時候。

不鏽鋼鍋具

我用不鏽鋼平底鍋來煮飯、水煮嫩蛋 （poach eggs）、蒸蔬菜、做爆米花以及做其他用途。湯鍋 （stockpot） 則可拿來烹調濃湯、湯品、燉菜；大型、側壁垂直、含鍋蓋的歐式炒鍋 （sauté pan） 用來熱炒蔬菜和烹煮小扁豆 （dal）。若要去除油膩或沾黏在上面的食物殘渣，撒些小蘇打到不鏽鋼炊具上，然後用海綿刷洗。這個方法具有神奇的功效！

鑄鐵鍋

　　此鍋近乎不可摧毀，即使疏於使用，它仍可輕易地被復活。鑄鐵鍋能承受營火的火焰，同時保存營火的熱度，而且每次使用都能增強它的功能。

　　第一次使用鑄鐵鍋之前，必需先開鍋，直到它烤上一層足夠的油脂之前，不能在裡面烹煮酸性的食物，例如含有番茄或葡萄酒的醬料。

　　進行熱油開鍋，首先用肥皂水清洗、擦乾，從內到外塗上一層薄薄的油，再用專用布擦去多餘的油，然後將平底鍋放入 450℉ 的烤箱中烘烤 30 分鐘，重複上油加熱的過程二至三次，直至平底鍋變黑且形成一層堅硬的保護層。當你在鍋中加油烹煮，你做的每次晚餐都為它加上一層保護層，讓表面變得光滑不沾黏──不需要不沾黏的化學物質。（如果購買已開鍋的鑄鐵鍋，就可省略初始的油烤鍋步驟，用熱水清洗、擦乾後即可使用。）

　　我會在瓦斯爐上用鑄鐵鍋來烹調一般會用平底鍋來煮的食物，比如：美式鬆餅（pancakes）、煎蛋、煎薯條（pan-fries）和煎馬鈴薯皮（fried potato peels）、焦糖洋蔥與紅蔥（caramelized onions and shallots），也會用它來做任何需要烤箱的食品，例如：派（pies）、酥皮水果甜點（fruit crumbles）、焦糖果仁麵包卷（sticky buns）、法式薄餅（galettes）、義大利煎蛋（frittatas），我也喜歡用鑄鐵鍋來烘烤蔬菜，因為非常好清潔。要清洗鑄鐵鍋，只要用一塊布、海綿或洗碗刷擦拭，需要的話，用一點肥皂水來刷除沾黏物。

　　我擁有四個鑄鐵鍋，尺寸大小從 6 英吋到 12 英吋不等，每天至少會用其中一到兩個，雖然擁有兩個昂貴的不鏽鋼煎鍋，但我更喜愛實用且經濟實惠的鑄鐵鍋。如果要移除任何鐵鏽，可以用馬鈴薯及粗鹽刷洗，接著進行一至兩次的油烤鍋。

在舊貨店（thrift stores）或舊物拍賣（yard sale）中，有時可以找到二手鑄鐵鍋，很多人看到鑄鐵鍋生一點鏽就嚇到了，因為不知如何處理便輕易丟棄。取得這些鑄鐵鍋，拒絕不沾鍋！我在一場屋內拍賣會（estate sale）中買到兩個鑄鐵鍋——其中一個還是經典格睿司（vintage Griswold）！一個才兩塊美金！

琺瑯鑄鐵鍋

琺瑯鑄鐵鍋與鑄鐵鍋有一樣的好處，並且它從裡到外加上了一層光滑的琺瑯質，省去了油烤鍋的麻煩，也很容易清潔。我用一個 6¾ 夸脫的荷蘭鍋來烘焙酸種麵包，做湯品、燉品、辣椒醬、烤豆、小扁豆、醬料與其他料理。

荷蘭鍋可從瓦斯爐上直接移到烤箱中，它能平均地加熱，也善於保溫。做完晚餐後，我會直接把荷蘭鍋擺在餐桌上保持食物的熱度，同一時間煮完其他菜餚，或者等待每個人拖拖拉拉地走到餐桌旁。因為具備保溫的特性，我的小型、2 夸脫的荷蘭鍋比乳酪發酵機（yogurt maker）快上兩倍，當我把牛奶放在廚房一個溫暖之處或低溫電熱墊上，待它靜靜發酵時，荷蘭鍋有助於保持牛乳的溫度。不過有時你不需要能保溫的鍋子，當你希望食物從火爐上移開後立即停止烹煮，琺瑯鑄鐵鍋具就不是一個好選擇，它的保溫效果太好了。

就像所有的鑄鐵鍋，琺瑯鑄鐵鍋也非常笨重，每當向 89 歲的母親形容我用大型荷蘭鍋煮出什麼餐點，她總說她也要一個，但實際上她是無法舉起這個鍋子的，不論它是空的還是滿的。

要清洗琺瑯鑄鐵鍋，通常用沾滿肥皂水的海綿就可辦到，倘若是烘焙食物，用蘇打粉來浸泡或刷洗鍋具，千萬不要用鋼絲綿來清洗。提到金屬，也不要在琺瑯鑄鐵鍋上使用任何金屬廚具，它們會損傷琺瑯質，烹調時請固定使用木製廚具。

酸麵團器材

下列廚房用具能幫助你成功地烘焙出酸種麵包。不過除了酸種麵包（159 頁）或格子鬆餅（167 頁）之外，你只需基本的廚房器具就可做出其他的酸麵團食譜。

廚房秤（Kitchen scale）。用磅秤來量秤料理能給你準確的份量及較為一致的麵團。1000 克麵粉的重量一定是 1000 克——除非我們搬到火星。

如果按體積計算，一杯麵粉的份量不一定都一樣，如果將麵粉壓緊，它看起來就只有 7/8 杯或更少，而且磅秤更快捷，只要幾秒鐘就能將麵粉倒入磅秤上的碗中，而非一杯又一杯、一杯又一杯地測量，到最後可能都暈了……這是第六，還是第七杯？在本書中，我都用磅秤來秤麵粉，然後用它來計算體積，在不同天我會用上數次，但每次體積的份量都不盡相同。如果你將經常烘焙酸麵團，就去準備一個磅秤吧！

荷蘭鍋。荷蘭鍋能複製商用蒸烤箱的內部，讓你烘焙出酸種麵包上帶有焦糖的美麗脆皮，它緊密的鍋蓋能保留烘焙麵粉時蒸發的濕氣，而創造出一種潮濕的環境。我有一個大型的 6¾ 夸脫的荷蘭鍋，4 或 5 夸脫的鍋子也可以，或者鑄鐵電子鍋（Cast-iron comb cooker）也很好用。

假如沒有荷蘭鍋，就在麵包烤盤（loaf pan）、烘焙石板或餅乾烤盤上烘烤，倘若願意的話，在烤麵包下方的烤架上放置一個耐熱盤，注入煮沸過的水，以製造一些蒸氣。

優質烤箱手套。不論是否烘焙酸種麵包，你都該有這些手套，特別是烘焙酸麵團時，你需要它來握住從 500℉ 預熱過的烤箱中取出來的鍋子。

麵團刮刀（Dough scraper）。用它來翻轉你的麵團和清潔工作檯。每天我都

會使用不鏽鋼麵團刮刀。

麵包切割刀（Razor blade or lame）。它能更快、更深地切割麵包，讓麵包在烤箱內得以擴張、膨脹得更好。你可以在烘焙用具店買到它，或者手工製作一個：在木攪拌棒末端非常小心地裝上一個刀片。假如你沒有切割刀，就改用一把鋒利的刀子來劃開麵包。

班尼特發酵籃（Banneton baskets）。這些藤編螺紋發酵籃能在發酵麵團上印出螺旋圖案，也易於將麵團轉移到熱鍋中。倘若沒有這種籃子，將毛巾鋪在碗中、撒上大量的麵粉；最好多找一個幫手，幫忙你在轉移麵團時小心地移開毛巾。

麵包刀（Bread knife）。一旦烘焙出美麗的天然酸麵種鄉村麵包，你應該不會想用主廚刀來切片、撕扯它。

穀物碾磨機（Grain mill）。假使你認真地想開始烘焙酸麵種麵包，考慮買一個小型手動穀物研磨機，或電動研磨機以快速地研磨穀類。

舉例來說，現磨冬季小麥漿果（winter wheat berries）、二粒小麥漿果（emmer wheat berries），或者黑麥漿果（rye berries）能做出絕對美味、營養豐富的麵包，在許多販賣散裝食品的商店都能找到這些或其他各式各樣的穀物。

現磨麵粉能保留完整的穀粒或種子。為了延長貨架壽命，商店販售的精緻麵粉移除了麩皮，以及種子的胚胎或胚芽──含有豐富蛋白質、維生素、礦物質的穀類部位，不過種子的胚芽經過研磨會釋放出油脂，加速麵粉的變質、縮短保存期限。研磨麵粉後，盡量快點用完它，假設無法如願進行烘焙，將麵粉貯存在罐中、放入冷藏室，然後越快用完越好。

發酵器具

這本書裡所有的發酵食譜都只需要基本的廚具，很可能你已經擁有了。

刀具。 你只需一把好刀來切蔬菜，但也可以用蔬菜刨絲機將蔬菜刨絲或用食物處理機來加快速度，避免將洋蔥放進食物處理機，它的刀片會讓洋蔥變得極為苦澀。

切菜板。 在小型砧板上切菜給我一種挫敗感，大小適宜的砧板能給你足夠空間去處理食材，倘若你只有小型砧板，那也可以。

攪拌碗。 塑料或一些金屬材料能與發酵產生的醋酸產生化學作用。使用不會起化學作用、無毒性材質的碗，例如不鏽鋼、玻璃，或者陶瓷。記得使用玻璃碗來處理酸麵種，以利於你看見氣泡！

罐子與容器。 我會在有螺旋蓋的簡易罐中發酵各種食品，但我特別鍾愛的是內緣具矽膠環的扣式密封罐——它是特斯拉車款等級的罐子。密封式的矽膠環能防止空氣進入罐中，而空氣正是讓蔬菜無法良好發酵的關鍵，不過說實在話，幾乎任何罐子都能拿來用。發酵活躍時的二氧化碳會增加罐內的壓力，所以記得每日排氣——也就是打開罐子——以免氣爆。假如你準備製作一大罐德國酸菜（sauerkraut），買一個具有重量的高級發酵陶瓷罐來慰勞自己吧。

容量足以盛裝八個杯子以上的大型罐子適用於製作發酵飲品，例如墨西哥特帕切發酵飲（288 頁）和檸檬皮屑康普茶（Lemon Zesty

Kombucha）（284 頁），端看你想製作出多少飲品。

　　發酵用加重器具（weights）。蔬果必須浸泡在液體中，才能進行完善的發酵。發酵食物的細菌屬厭氧菌，你得為他們截斷氧氣，他們才能繁殖（他們是一群有怪癖的小蟲子）。假若食物沒有被浸泡到，上層就會變得軟爛，甚至發霉，你得刮除這部分，並將其作為堆肥。

　　讓所有食物下沈，是發酵食物唯一的訣竅。你可以購買專門的發酵用加重器具（weights），但因為我有許多免費的罐子、也不願花錢在專一用途的小器具上，我用的是「罐中罐」的方法。製作德國酸菜、填充罐子時，我會在頂部留下幾英吋的空間。最後覆蓋上一片高麗菜葉，然後把一個與烈酒杯大致等高的小型無蓋優格玻璃瓶放在高麗菜葉上。當我蓋上罐子，蓋子會向下擠壓小型罐和食物，液體則上升到完美地浸泡到所有食物。

　　瓶子。假使你想製作書中的康普茶（284 頁）或辛辣薑汁啤酒（spicy ginger beer）（281 頁），大力推薦扣式密封玻璃瓶，其密封設計可加強這些飲品的碳酸化。雖然墨西哥特帕切發酵飲（288 頁）通常會製造大量氣泡、不怎麼需要扣式密封瓶，但用這種瓶子還是比較好。除非你想降低飲料的氣泡，則可用罐子來盛裝飲品。

　　在夏季我偶爾會釀造大量的康普茶，有時會使用半加侖大小的卡爾布瓦（carboy）（特殊外來語，指「盛裝液體的大容器」）。假設你的康普茶想要加點新鮮草莓——這個組合通常會導致飲品發出瘋狂的嘶嘶聲——那麼螺旋蓋瓶就足以製造相當不錯的碳酸化了。

　　在啤酒或葡萄酒供應商那裡能找到價位低廉的扣式密封瓶，貯滿啤酒和汽水的扣式密封瓶會比專賣店的空瓶價格更低——保留這些瓶子。倘若耳聞哪些朋友買了這類飲料，聯繫他們，跟他們要那些瓶子。

- **瓶子的配件。**盛裝瓶子需要一個漏斗。雖然你不會想把發酵飲品裝在金屬容器裡，但如果飲料僅短暫地接觸金屬漏斗幾毫秒，應該不會有問題。你可能也會想買洗瓶刷來清洗瓶子。

自選器具

- **濾茶球或浸煮器** （tea ball or infuser）。釀製康普茶時，我通常會將茶葉丟入耐熱玻璃量杯裡，然後將茶水倒入濾網來過濾茶葉；也可使用濾茶球或其他浸煮器。倘若你有法式濾壓壺（French press），你可以像泡咖啡那般用它來泡茶。

- **木質搗碎器** （wooden pounder）。製作德國酸菜必須先壓碎蔬菜，再填塞到罐中或在無蓋容器中靜置發酵。我會用雙手擠壓切碎的高麗菜或其他食材，但如果是辣椒，我就不會這麼做——這時木質搗碎器就派上用場了。也可單純地用一個重物來碾壓鹽巴醃漬過的辣椒。

保養及修復器材

　　零廢棄或低廢棄的生活方式能讓人找回手工生活技能，比如烹飪、園藝、木工、DIY、縫紉，為了讓廚房用具能夠長久使用，請愛護它們，必要時進行修理。

　　為鑄鐵鍋進行上油熱鍋；切勿將刀具留在洗碗槽裡，這樣會導致它生鏽（以及傷到自己），也能讓它保持鋒利；當小型電器故障時，尋找修理店、維修小舖（repair cafe）或一位擁有修復技術的朋友，或者，自己學會修理——YouTube 上都可找到方法。

優先考慮二手貨

　　很久以前我們就已經達到物品存量的高峰（peak stuff）。當需要某個產品時，與其購買新品，不如選擇二手貨，如此可減低製造商生產替換商品的數量。況且二手市集也能促進當地的經濟。

　　你可能會在舊物拍賣、舊貨店、屋內拍賣發現許多驚喜，甚至有時在路邊就能撿到相當不錯的物品。我住的地方近似於矽谷的翻版，鄰居經常會將貴重的用品丟棄在路旁，我幾乎固定都可在路邊發現一些寶物，我撿過上等的鑄鐵鍋、昂貴的扣式密封罐、近乎全新且還能用的小型電器、堅實的楓木餐椅。

　　下列地方可讓你找到社區裡免費的物品：

- 「什麼都不買計畫」（Buy Nothing Project）。尋找當地「什麼都不買計畫」的臉書社團 （Buy Nothing Facebook group）。如果你居住的城市沒有的話，不如自己組建一個（buynothingproject.org）。

- 廣告網站「克雷格列表」（Craigslist）、社群媒體平台「鄰里社交網」（Nextdoor）、網路社團「自由循環」（Freecycle）、臉書商店（Facebook

Marketplace）、當 地 其 他 社 區 網 站（craigslist.org、nextdoor.com、freecycle.org）。

- 當地的跳蚤市場（Community swat meets）。我在居住的地方，組織過幾次這樣的舊物拍賣市集，這樣的集會不僅能讓我們釋出還堪用的物品，也能增加鄰里間的互動、鞏固社區的情感。

倘若一個物品偶爾才會用到，例如每年度的鄰里派對需要的 15 公升電動咖啡壺，不如考慮租借。

杜絕一次性用具：重複利用的烹調法

當今商業營運模式奉行不悖的「神聖」指標，就是訂閱服務。消費者每月花錢購買一個商品或一項服務，一個月再一個月、再一個月……雖然不想續約卻沒機會取消，直到你或你的錢包被消磨殆盡。訂閱服務包括：手機、網路、健身房會員；實體商品如過度包裝的食品 DIY 配送箱（meal kits）、當月聖誕飾品社團（Christmas ornament-of-the-month clubs）、當月丟棄式膠囊咖啡社團（throwaway coffee pod-of-the-month clubs）。

你可能不會將一次性用品如保鮮膜、廚房紙巾視為訂閱服務，但它們確實相似，你購買它、使用它、丟棄它，然後因為產生了依賴性，必須購買更多。一包可能很便宜──一兩卷廚房紙巾不過幾塊美金──但累積起來最少也會花上幾百塊美金。相較之下，替代品的費用非常低，近乎於零。

替代保鮮膜

需要蓋上剩餘食物？在上方放個盤子；需要在冷藏庫貯存半顆尚未食用的瓜類？放在淺平盤或餡餅盤（pie dish）上，切口那面朝下，我用同樣方法貯存半顆洋蔥。

這本書會教你如何製作基礎鬆脆餅皮（119 頁），它可套用在其他食譜中：南瓜派、一兩個法式薄餅、美式鍋餡餅、餡餅（empamosas）。與大多數人一樣，過往我總會用保鮮膜緊緊包覆麵團，以待它冷卻。冷卻下來的麵團比較容易揉。不過不用保鮮膜也可以讓麵團冷卻。

無塑生活鞭策我發揮創造力，發展一個屬於自己的「顛覆式」西點冷卻系統。請將下述繁複的方法寫下來：

1. 把西點放在一個盤子上。
2. 將另一個盤子倒扣、覆蓋於上。

在大多數情況下，盤子跟保鮮膜一樣好用——而且你養的烏龜絕對不可能吃到你的餐點，這個小技巧不花一毛錢，同時避免了塑膠污染食物以及環境。

替代塑膠袋

正在尋找三明治的包材嗎？嘗試使用布質餐巾、鐵製輕食盒或便當盒。這些容器初期費用較高，但因為你只需購買一次，如同其他可重複使用的商品，長期下來即會看出它的經濟效益。

在一些商業廚房裡，二廚在適度烤焦甜椒後，會將熱騰騰的甜椒放入塑膠袋、封上，袋裡的熱度與蒸氣讓燒烤後的椒皮起泡，如此很容易便能用刀鋒去除椒皮。你可以不用塑膠袋，將熱甜椒放入有蓋的玻璃、陶瓷、金屬、鑄鐵（總之不是塑料）的容器或罐子中，或者簡單地將熱甜椒放進碗裡，扣上盤子。

的確清洗碗盤、容器會消耗能源及水，但每製作一個一次性商品，這些收集原料、製造、運輸的過程也要耗費不少資源。

替代烤盤紙

比起烤盤紙，還有其他更可怕的廚房用品，所以假如你真的無法捨棄烤盤紙——或其他類似的東西，我不會作出任何批判。有些商家提供未漂白、可分解的烤盤紙，你可以先重複使用幾次，再做成堆肥。不過除了昂貴的烤盤紙，你的確有其他替代品來烘焙披薩、蛋糕、餅乾、西點以及其他更多食物。

若製作麵種，將油塗抹在鐵製烤盤、蛋糕烤盤或鐵烤模上。是的，你會弄得滿手都是油，但想成擦這些油在你的皮膚上，能夠讓手變得細嫩些，並用擦碗巾取代廚房餐巾來把多餘的油抹去（這是一個加碼的小技巧）。

偶爾我會把蘋果派放在烤箱裡烘乾。假設不用烤盤紙，它們變乾時就會沾黏在餅乾烤盤上。雖然有能重複使用的矽膠烘焙墊，但我不喜歡清洗它們。解決方案是什麼？我在餅乾烤盤上放置烘焙冷卻架，然後把蘋果派放在上頭。烤箱裡的熱風能平均地接觸蘋果派的上下兩面，這個方法比起將蘋果派直接放在餅乾烤盤上，能夠更快地烘乾它們。

假若想烘烤蔬菜，但不願意洗刷鐵製烤盤或玻璃烘焙器皿，但也想避免使用烤盤紙，不如用鑄鐵鍋來烘烤蔬菜——如果你有鑄鐵鍋的話。就像我說過的，鑄鐵鍋超級容易清潔。

替代鋁箔紙

我熱愛烘烤甜菜（beets）和醃漬甜菜。以前我會用鋁箔紙先把它們包起來、再放入烤箱燜烤，以免食物的水氣蒸發，同時也保持烘烤鐵盤的乾淨，偶爾我會保存

包裹過甜菜的鋁箔紙，以待重複使用，但通常最後不得不扔掉一大疊沾滿甜菜汁的鋁箔紙。

開始無塑生活後，有一天我特別想吃烘烤甜菜，但不用鋁箔紙要怎麼做出來呢？我思量可否使用荷蘭鍋？結果成功了！如果沒有用「無鋁箔紙」的限制來鞭策自己，我永遠不會花這個心思去研究，而我對甜菜的渴望，促使我要求自己去想出一個解決方案。

替代膠囊咖啡

沒有一個使用無包裝鹽巴、堪稱稱職的環保人士寫到咖啡時，不會大聲斥責丟棄式膠囊咖啡，它們不只導致數量驚人的垃圾 —— 僅僅克里格咖啡機製造商（Keurig）就在 2014 年販售了將近一百億包 —— 它就像是我們社會中的《瓦力》翻版。

我們已經不知道怎麼秤量研磨咖啡粉和煮水了嗎？是不是很快地，我們就需要專門的機器來秤量、包裝、準備好每一個食物給我們食用？我喜歡在每個早上享受煮咖啡 —— 或茶 —— 的儀式所帶來的愉悅，而膠囊咖啡就猶如世界末日的象徵一般。

有些鋁箔膠囊咖啡聲稱可回收，但這種鋁箔與塑膠的合成品注定歸屬於垃圾掩埋場。理論上，只要花上足夠的力氣、能源、昂貴且笨重的機器，幾乎任何東西都可回收，但那不代表它可以或應該回收。回收是最後一個選項，拒絕製造垃圾才是從源頭下手。

煮咖啡的零廢棄方法只需 5 分鐘，就可用法式濾壓壺煮出幾杯咖啡。如果你不願浪費那珍貴無比的 5 分鐘，在咖啡煮好之前做一些有意義的事 —— 收好碗盤、餵

貓、跟伴侶說說話。用過的咖啡渣直接丟棄到屋外盆栽的土壤上，我的玫瑰特別喜愛具酸性的咖啡渣。

替代茶包

　　布與濾紙製成的茶包通常為合成材料——換句話說，塑料。撇開垃圾掩埋場的問題不談，你不會想吃下或喝下任何用塑膠熱過的食物。當你用塑膠加熱食物或茶葉，可怕的化學物質會滲透到我們即將食用的東西之中。就連紙茶包的密封膠也可能包含少量的塑料。況且大部分的茶包——合成或紙製——皆為獨立包裝，然後裝在一個外層又包裹了塑膠的盒子中。

　　茶葉通常比茶包便宜，而且更具風味。把茶葉放進濾茶球裡就可以煮出一杯茶，或者用茶壺為一群人煮茶。法式濾壓壺也可拿來用。用過的茶葉就像咖啡渣一樣，可以直接倒在植物的土壤上，或者將用過的茶葉及咖啡渣拿來堆肥。

替代廚房紙巾

　　我母親生長在不用廚房紙巾的年代，現在她卻對我不用廚房紙巾感到困惑。

　　事實上，我們有很多其他的選擇可以不用一次性廚房紙巾。孩子的舊 T 恤提供我一生用之不盡的棉質抹布。我把它收集在一個容器裡，需要清潔時使用。破舊的法蘭絨床單也可縫紉出一打的「非紙質毛巾」：從法蘭絨床單剪下一般廚房紙巾大小的布，縫紉邊角後即可使用，如果髒了，我就清洗它們；碰到不慎打翻的大量食物（這種事很少發生），我用的是擦碗巾或麵粉袋毛巾，用完後晾在某處（如外頭的鐵椅上），待日後與其他毛巾一起清洗。

　　當人們耳聞我不再購買廚房紙巾，第一個問題是：那要怎麼瀝乾油炸食品呢？瀝乾油炸食品，你可以用一個毛巾專門處理這個步驟，用完立即手洗毛巾，以免其

他衣物沾染到油污。你也可以把要瀝乾的油炸物放在餅乾烤盤上頭的烘焙冷卻架上，當油脂冷卻、凝結後，儲存起來做為油烤鑄鐵鍋使用，或者如果你的城市回收廚餘，裝進適當的回收容器裡。

碰到家中沒人願意幫忙採購，的確令人感到非常懊惱，但因為所有採買都必須親力親為，所以帶來一個好處：你可以全權作主什麼東西該進到家中。極高的機率是其他人不會花力氣去店裡購買丟棄式的商品，而會到廚房尋找可用的替代物，拖延症和漠不關心有的時候反而對你有利。

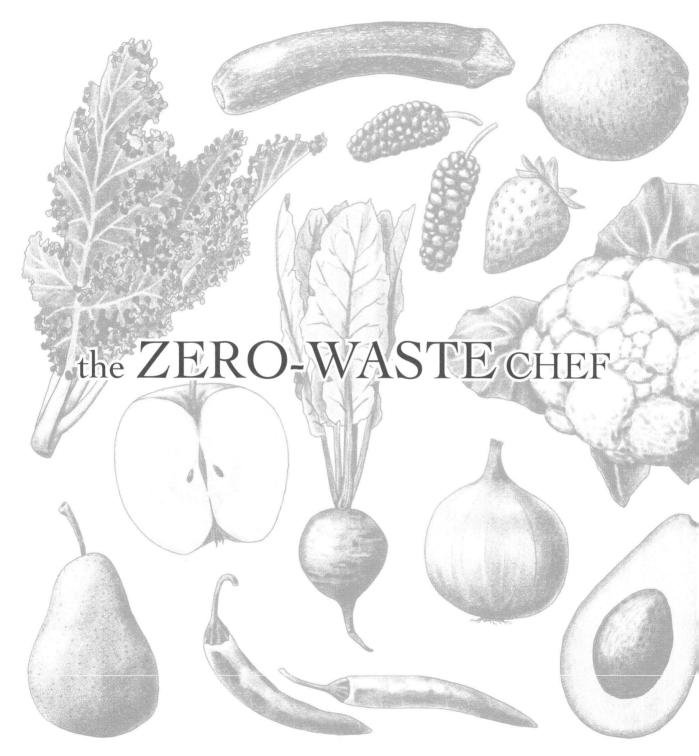

the ZERO-WASTE CHEF

第五章

當零廢棄走進真實生活

「**零**廢棄生活的花費太高了！」

「我買不起零廢棄生活所需的裝備。」

「等我存夠了錢、備足零廢棄器具來取代所有的廚具（到時我再丟棄現有廚具），然後我再開始減少垃圾。」

關於零廢棄生活，其中一個疑慮就是它花費太高，但是請相信我，這種生活方式會幫你省錢，而非讓你破產。你不需要去買精緻特別的用具，例如為貯藏食品準備新穎成套的罐子、為外食備上特製餐具（食物就只是食物）等等，事實上購買更多產品有違初衷，零廢棄不是消費式的生活，而是一種節約式的生活。

沒錯，有些低廢棄選項是比較貴，比如：可填充的玻璃瓶裝牛奶與塑膠瓶裝牛奶相比，農夫市集的當地蔬果與折扣商店的蔬果相比。但這種生活模式的其他層面會幫你省下鈔票，像是購買散裝商品（並非全都改成這種方式，而是試著買更多這樣的物品）、吃完你所買的每一口食物、食用食物鏈等級更低的食品、享用更多家中烹調的餐點。

低廢棄生活的必需品不一定要花什麼錢，比如你的零廢棄器具──外出購物、攜帶食物或出外用餐的「裝備」。

那些極簡設計的別緻器具的確很吸睛，你不妨買一些但不用全都買下來。氣候危機不可能用購物解決。

如同盾牌，零廢棄器具將擋住不必要的一次性垃圾

居家生活讓我可以不用製造任何垃圾，便能輕易地餵飽自己和家人。舉例來說，當我想烹調扁豆料理，我所需要的全部食材——洋蔥、大蒜、扁豆、番茄、香料——就在家裡那些沒有包裝的食品中，然後 voilà ！一頓美味、令人心滿意足又經濟實惠的晚餐就出現在眼前。

享用完療癒的食物，沒有任何東西會被丟入垃圾桶，因為剩食全被吃光了。想當然我們也一定不會用丟棄式的保麗龍餐盤、塑料餐具、外帶咖啡紙杯佈置餐桌。不過當我們冒險踏入充滿保麗龍和塑膠的「真實世界」，就必須做足準備，需要的防禦工具包括零廢棄裝備，以及準備好的台詞——倘若哪位善意的服務生或店員嘗試提供不必要的物品，你就可以脫口說出。通常我的台詞是重複說：「不用。」喔，為了禮貌起見，我會改成：「不了，謝謝您。」

減少垃圾讓你學會經常說「不」——一個極有用的生活技能，但這會需要另一本書來詳談，這裡就不贅述了。許多女性，包括大部分我的讀者，對說「不」感到困難，當你繼續低廢棄的旅程，這個步驟會變得更加容易，尤其當你儲備好基本器具。

倘若你從未用自己的容器買過食物，很想嘗試卻對提出如此顛覆的要求——「請把我的食物放在這裡」——感到侷促不安或尷尬，不妨請一位想點三明治、飢餓地揮舞便當盒的朋友來支援。

隨身攜帶的必需品

你可能需要一兩個器具套組：一個採購、一個買外食。假如你安排稍長的採購旅程、一次做好幾件事，那麼兩種器具套組都帶上。如果有點餓，就可以點一杯零

廢棄的茶或點心來慰勞自己。

環顧家中，你可能已經擁有絕大部分的器具，一旦搜集好用具，準備器具套組只需 5 分鐘。假設你經常走路或騎腳踏車，將器具套組準備好、放在前廳壁櫥裡，以便隨時帶走。假如你開車，就在車上放一套裝備。

採購器具

- 購物袋
- 蔬果袋
- 罐子或容器

出外器具

- 一個能裝所有物品的袋子
- 水瓶
- 布餐巾
- 蔬果袋
- 餐具
- 罐子或鐵製容器

回家之後，清洗髒污的器具、重新組裝好，準備迎接下一趟旅程。

環保布袋

美國人一年消耗 1000 億個一次性塑膠袋，從樂觀的角度來看，近來四百多條法規在全國各州、各城市禁止塑膠袋或徵收塑袋稅，許多消費者因而盡責地攜帶可重複使用的購物袋出門，或者省思是否真的需要袋子。（假如你只需要從店裡買一樣東西，真的需要一個袋子嗎？）我附近的聖荷西市，自從 2012 年發布「自備購物袋條例」（Bring Your Own Bag Ordinance），一次性塑膠袋碎片在排水道中減少 89%、溪流中則減少 60%。

限塑令（bag bans）發揮了效用。

不過可重複使用的購物袋不盡相同。市場上許多可重複使用的購物袋是由化學合成纖維製成——聚酯纖維、尼龍、嫘縈（rayon）——換句話說，就是塑料。當

這些化學合成袋在洗衣機清洗時，塑料微纖維便隨之脫落，這些細小的塑料微纖維長約 5 毫米以下、寬則以微米計算，它們輕易地穿越洗衣機過濾器，進而污染我們的河川、湖泊、海洋以及我們的食物鏈，研究顯示，大約有 140 萬兆的微纖維污染了海床。

選擇天然纖維做成的購物袋。帆布袋或強韌棉布袋都很好用，且可用上好幾年。

布料蔬果袋、散裝食品袋

即便塑袋禁止令、塑袋稅減少了進入環境中的一次性塑膠，但以蔬果袋的形式所產生的大量一次性塑膠並沒有被解決。有些店家、農夫市場提供可堆肥塑膠袋（compostable produce bags），上面通常有警示標語「可於堆肥設施中分解」。很多地方並沒有這樣的處理設施，宣稱這些袋子「可堆肥」就如同宣稱「擁有預知未來的能力，就可中所有的樂透彩券」。

其他可堆肥的袋子的確能在家裡的堆肥處完全分解，依靠土壤中的微生物幫忙，僅留下二氧化碳和生物質。「漂綠」（greenwashing）讓分辨不同類別的袋子變得困難，而有些詞彙例如「生物可降解」（biodegradable）也讓人困惑。生物可降解的塑膠袋分解成更小的塑膠，但不會完全消失。

假設你成功地破解袋子上的說明：「選擇可用做堆肥的袋子，並可在家庭堆肥中迅速、全然地分解。」但做出這些一次性袋子仍需消耗資源。產出製作袋子的原料，必須種植玉米或其他原可供應人類食用的農作物，而這過程也需要土地、水、化學農藥。這些原料必需經過收割，透過貨車、火車或船運輸到製造廠，才能做成袋子及包裝，分送到批發商或商家手上，然後被消費者使用一次，最終才能做成堆肥。

袋子上的「可於堆肥設施中分解」字樣持續助長了一種非永續性的線性消費模式——這條直線始於農場，結束於商業堆肥設施、垃圾掩埋場、焚化爐或者海洋。

而可持續使用的蔬果布袋，雖然與「可於堆肥設施中分解」的袋子有相同的製作過程，卻可用上一百次、一千次。

2011 年我和女兒 MK 仿照超市蔬果區的塑膠袋，縫紉了大小、形狀一模一樣的簡易蔬果布袋，直到今日我還在使用。我將它們放在購物布袋裡，以便隨時取用。

這些袋子被拿來購買農夫市場的蔬果，也拿來裝較為笨重、散裝食品箱裡的食材，例如：豆類、米、穀類、義大利麵、燕麥、乾果、堅果，有時也裝巧克力，髒污時就丟進洗衣機清洗，它們佔不了什麼空間。一個禮拜我會用上八個袋子，一年就可替代 416 個塑膠袋。如果是一個家庭，十年則可替代 4160 個塑膠袋。

大部分的人很快就適應了需要自備可重複使用的購物袋，有些人因為環保意識而降低對塑膠袋的需求，另一些人則因居住的城市禁止塑膠袋或徵收塑袋稅，被迫這麼做。同樣地，我們也可以很快適應可重複使用的蔬果袋，限塑令即將用在蔬果袋上，事實上北加州已經開始有這個趨勢。我們不如站在時代的尖端，從現在起自願做出改變。

蔬菜水果、散裝食品之外：

蔬果布袋的其他用途

- **購買零星的麵包。**有些商店、麵包店將土司麵包、圓麵包、貝果、西點等零散地放在箱子或展示櫃裡，將選中的麵包放進蔬果布袋。假如需要櫃檯後方的店員為你服務，下單時遞上一個乾淨的布袋，請他們將食物直接裝在袋中。

- **儲存麵包。**我會將整條的酸種麵包

（sourdough bread）放入蔬果布袋、貯存在冷凍庫裡，且不超過兩週。為了避免麵包變乾、凍傷（freezer burn），我不會先切開它。廚房檯面上的麵包也同樣可裝在這些袋子裡。

- **裝三明治。**你不會想拿它來裝夾滿美乃滋和美式酸黃瓜、濃郁多汁的三明治，請拿來裝像花生果醬三明治或鷹嘴豆泥起司（hummus and cheese）這類的三明治。

- **當成打包袋。**餐廳通常會端上超過顧客食量的麵包。同樣地，墨西哥餐廳也會端上大量的墨西哥玉米片（tortilla chips）——你通常很難找到散裝的玉米片，把握機會帶回家！

- **甩乾新鮮青菜。**將青菜洗淨，放入乾淨的袋中，拿到外頭旋轉幾圈以甩掉水分，將潮濕的袋子存放於蔬菜保存盒中。不同於蔬菜脫水器，蔬果袋不會佔廚房什麼空間。

蔬果袋縫紉組織 （produce-bag sewing bees）

2018 年，我找到一群厲害的當地志工，組織了一個蔬果袋縫紉小組。我們用原本會送去垃圾掩埋場、被捐贈或丟棄的布料，縫紉了一些袋子，然後分送出去。自成立以來，我們在當地的農夫市集裡發送了幾千個蔬果布袋。

我們不只給一個替代塑膠袋的選項，蔬果布袋能夠開啟塑料污染的討論，這些重複使用的袋子就像一個開端，促使人們開始思考生活中還可以免除哪些塑料用品。人們可能會開始抱怨商家用了過度的包裝，發動連署活動，或者催促民意代表推動一次性塑膠的禁令。這些都從一塊布開始！

如果要尋找蔬果袋縫紉小組，或者將你的社團加入這類組織的全球地圖中，請上zerowastechef.com/reusa-bags。

自製蔬果布袋與散裝食品布袋

購買蔬果布袋可至商店、健康食品消費合作社（health food co-ops）、「無塑生活」網站（Life Without Plastic，lifewithoutplastic.com），或「無包裝」網站（Package Free，packagefreeshop.com）。不過假如你有一點布料、一個縫紉機和一些時間，不如自己動手做。

剪出幾個 23 英吋長、18 英吋寬的長方形，將每個長方形對折（像一本書一樣），縫紉底邊與側邊，最後在上方縫出摺邊或包縫線跡。

假如有磅秤的話，你可以量秤這些袋子並寫上它們的重量，也就是「皮重」。倘若你選擇的是較為厚實的布料，或者你的布是從有厚度邊緣和滾邊的枕頭套剪下，建議你寫上袋子的重量。

用電子磅秤來秤量袋子。假設你的磅秤以盎司為單位，將得出的重量除以 16

（一磅等於十六盎司）；這就是它的皮重。假設磅秤以公克為單位，將重量除以 454。我的布袋通常重約 1.12 盎司，皮重則為 1.12/16=0.07。

用油性記號筆在布料上寫上皮重，或者用縫紉機刺繡上去。

假設你希望做出能合起來的袋子，在袋子上方以包邊的方式縫上鬆緊帶。或者將兩個一樣長度的輕質絲帶先固定在袋子的一邊，然後縫在側邊上，這些方法可讓袋子合起來。假如做不出來，就以彈性髮帶或者鬆緊帶把袋子上方綑起來，或者乾脆去買個布袋吧！不一定每一件事都要親自動手做。

玻璃罐

將平凡的玻璃罐視為無塑生活的象徵，其來有自，因為你會經常地使用到它。

採購散裝食品

盛裝罐子前，先記下罐子的重量。你要付費的是罐裡食物的重量，而非食物加上罐子的總重量。比如茶葉價位為一英磅 48 元美金，你不會希望額外的罐重加入要付費的總重之中。

有些店員會協助秤量你的罐子、記下罐重。也可以省下那些貼紙或膠帶，攜帶麥克筆以便於直接在罐上寫

下重量，麥克筆可在美術用品店裡找到。其他店家則備有磅秤、讓你自己秤重容器，還有一些商店的店員看到你自備罐子，顯得非常困惑。給他們一點時間！這些店員需要習慣顧客用這種方式採購。

當你在罐中裝滿散裝食品，收銀員便會將總重量扣除罐重，讓你只需為食物的重量付費。

採購細嫩的漿果

夏季來臨時，我會攜帶幾個罐子到農夫市場購買漿果，如此便可帶回完整的漿果（而非果醬）。

各地有不同的食品法規，在北加州，我若在攤位前將漿果輕柔地倒入罐中，攤販可拿回盛裝漿果的籃子、再度使用它們。假設把籃子帶回家後再還回去，攤主則必須用一個非常昂貴的機器蒸氣消毒這些籃子，但沒有人買得起這個機器，這條法規背後的邏輯是將帶回家的籃子視為已受污染。

在農夫市集將漿果小心地倒入自備的罐中，這個場景可能讓我像個怪人，但我不在意。

回家之後，我會將一些漿果冷凍起來。將清水倒入一兩個罐子，輕輕旋轉以利於清洗漿果，將漿果切成一半、鋪在餅乾烤盤上，然後冷凍它們，最後將冷凍的漿果倒入原本盛裝漿果的罐子，放入冷凍庫。這個步驟可以減少需要清洗的器具。

盛裝剩食和午餐

出外用餐時，從你的「出外器具套組」取出罐子盛裝剩食，以作為明日在公司享用的午餐，吃完剩食，用清空的罐子把可堆肥

的部分帶回家。這是一個食物循環的生命圈！玻璃罐可作為大人午餐的器具，孩子則建議改用鐵製容器。

水壺

　　若沒有可隨身攜帶、補充水分的金屬水壺，那麼就用一個可緊密蓋上、不漏水的梅森罐（mason jar），你可以用它來裝水，或者外帶一杯咖啡或茶。在裝了熱飲的罐子上套幾個橡皮筋，或者將它放入一個小襪子裡，以免燙手。

餐具

　　再說一次，使用現有的器具而非特意去購買，就可以節省資金和資源。沒有成套的餐具？恭喜你！你現在的餐具套組可謂五花八門、獨樹一格！每個人家中都有金屬餐具，在你的「出外器具套組」裡放入一個叉子、湯匙、餐刀——你再也不會需要一次性塑料餐具了。不妨再塞入一雙筷子吧！

布餐巾

　　用「風呂敷」（包袱巾）的形式包起三明治，你便能同時將包裝與餐巾二合一。把三明治放在布餐巾中央，將兩個對角在三明治上打一個蝴蝶結，用一樣的方法綁起剩餘的兩角。你的三明治已經包好了，準備出發吧！

鐵飯盒與午餐盒

比起一次性三明治塑膠袋，這些器具初期花費較高，但長期下來能幫你省到錢，而且孩子也不會在學校打破它們。

完美不是一個選項

偶爾你會把違禁品帶回家——塑膠意外還是會發生。一個善意的店員用塑膠袋包裝你的容器，另一個店員拒絕把食物裝進你的容器裡……上個禮拜同一家店的其他店員，不僅為你提供服務，還感謝你的用心呢！在熟食區，你原本可用自備容器購買的起司，現在全用真空塑料袋包裝，而一旁三歲的孩子正跟你吵著現在就要吃他最愛的起司！

這些困境可能會超過一個零廢棄者可忍受的極限，但請不要為這些小事故打擊自己。大部分的店家和我們的糧食體系還未準備好迎接這種有意識的綠色消費，即便它曾是舊年代的主流，但現在並非如此。只要提早一些規劃，任何人都可以減少帶回家的塑料垃圾。

the ZERO-WASTE CHEF

第六章

去哪採購？
買什麼？怎麼買？
備妥食材小撇步

如果突然生起吃點心的慾望，跟塑膠分手之前的我會從內襯塑料的紙盒中，抓一把（或兩、三把）餅乾，或者從塑膠袋裡的塑料托盤中取出一個義式脆餅（biscotti），現在我則會選擇一些水果或自製——倘若我有烘焙的話——酸種全麥餅乾（sourdough graham crackers）（273頁）。比起烘焙餅乾需要花的一點點力氣，打開盒子更不費力，這使得我會吃少一點餅乾，也更珍惜它們。這並非一種剝奪，而是善待自己的身體，況且自己製作的餅乾可美味多了！

停止購買那些閃亮、塑料包裝的加工食品，會讓你的選擇只剩原型食物：蔬果、豆類、堅果和種子、全穀類。比起食物鏈等級較高的食物，如牛肉、乳製品，這些原型食物等級較低，因此也排放較少的廢棄物。

食用食物鏈等級較高的食品時，比如牛奶，選擇購買店家是用可回收、可重複裝填的玻璃瓶裝牛奶。一些乳品專賣店會販售這類的牛奶或生鮮奶，而且越來越多的乳品專賣店開始這樣做，但它們之間的存貨量不一致，可能在你居住的地點，當地的乳品店甚至會將裝了牛奶的玻璃瓶送到你家——就像多年前那般——然後晚點再收走。如果購買起司，有些起司或熟食專櫃會幫你裝入自備的乾淨容器中。

我用的牛奶和雞蛋是從放牧飼養、輪牧的動物上取得，牠們漫步在泥土上、做一般動物該做的事——享用大地的牧草、吃著大自然賜予的食物、排放糞便來滋養土壤。比起「集中型動物飼養經營」（concentrated animal feeding operation, CAFO），這種放牧飼養的蛋、奶會讓我花比較多的錢，因為用人性化的方式飼養動物同時管理土地，需要更多的人力和空間。集中圈養的模式則將幾千隻動物殘忍

地擠壓在一個狹小的空間，牠們站在自己的排泄物裡，依靠自動化設備抽取糞便、排入鄰近的污水池，進而污染土地、水源、空氣。不，謝了，我寧可多付錢，再說零廢棄的生活方式會省下許多錢，遠超過放牧雞蛋的價位。

買些什麼

零廢棄廚房的關鍵性基本食材

　　在農夫市集及散裝食品之中，所有物品都能以無包裝形式購買，即便蔬果種類因季節而異，我仍會常年貯存一些關鍵性基本食材。

　　為了簡化生活，我試著儲存一些能轉化成其他食材的基本成分，比如：塔塔粉（cream of tartar）加上小蘇打就成了泡打粉（baking powder）；蔗糖（cane sugar）加上糖蜜（molasses）就成了黑糖。當然你不用強迫自己自製泡打粉和黑糖，但假如在緊要關頭你需要一些食材，這些基本成分就能幫你容易地做出需要的東西。

　　我的廚房會儲存下列主要的食物種類：

- 新鮮蔬菜
- 食品儲藏櫃的存糧
- 乾果
- 乾燥香草及調味香料
- 義大利麵

- 堅果與種子
- 新鮮水果
- 新鮮香草
- 烘培食材
- 咖啡和茶

- 放牧乳製品及雞蛋
- 穀類
- 米
- 豆類

去哪採購

組合屬於你的「零廢棄採購套組」、決定用現有食材烹調哪些菜餚、列出需要購買的食材清單，你即將踏上首次的低廢棄採購之旅。

採購清單不但可以防止你在結帳時，衝動地買下一些塑料包裝食品，也可以讓你清楚估算需要準備多少可重複使用的袋子、罐子、容器，事先做一點規劃就能避免大量的垃圾。

首度出征的旅途可能會讓你發現到處都是塑膠，這是因為塑膠的確到處都是，通常商店的中央通道就是塑膠的雷區。

你可能會遲疑——就像我首次挑戰低廢棄採購一樣——是否真的可以避免這些塑膠包裝？打起精神！調整成完全不同的採購方式不可能一夕之間發生，我們必須先研究有多少商店可以提供最好的散裝食品選項，哪些店家可以讓我們自備容器，我們需要更早地提前計畫。加上鄰近的農夫市集只在週日早上開張，我們必須做出更全面的規劃。

當地的、季節性的、有機的，以及其他修飾語（modifiers）

好幾代以前，食物並不需要過多的形容詞。食物單純地就叫食物。塑膠現今不止包裝了保久食品，還提供了操作空間給莫須有的行銷術語，比如：以「無麩質」標示本來顯然就沒有麩質的食物、任何東西都可以標榜為「天然」、以「含有純果汁」的標示來讓食物成分看起來很純正。

有些形容詞則較具有意義，向家庭雜貨店、地方獨立小農購買當季的食物能為居住的社區帶來利益，根據美國當地獨立書店組成的團體，獨立書商聯盟（Indie-Bound）指出，在小型社區商店每消費 100 元美金，有 52 元美金會回到社區；在大型企業消費 100 元美金，則僅有微不足道的 13 元回到社區；而在網路消費 100

元美金，沒有任何錢會回到社區——意即沒有任何銷售稅可拿來資助學校、醫院、消防隊員。地方商家同時創造當地的工作機會，他們的員工則又可能將薪水花在社區裡。

當地食物運輸的距離也較短，使得食物能有更高的營養價值，以及更低的運輸排放，它不需要太多包裝，嘗起來也比較美味。除非我們真的希望每一口食物都是從大型超市連鎖企業購買的，不然真的得支持這些小型商店，讓它們可以持續運作。

有機食品價格是偏高一些，但就算你不相信它有好處，它也會幫助種植的農友，讓他們不用接觸這麼多農藥，同時改善生產這些食物的土壤。因為蔬果皮通常殘留農藥，倘若你不常購買有機食材，建議你投資採買一些有機蔬果，以利於製作這本書裡需要水果皮或柑橘皮的食譜，比如：「零廚餘零花費蔬菜清湯」(Save-Scraps-Save-Cash Vegetable Broth)(151頁)、蘋果碎末醋(Apple Scrap Vinegar)(113頁)、醃漬檸檬(Preserved Lemons)(107頁)，有些柑橘會打上閃亮的食品級蠟，與店家確認並避免購買這些水果。在我們本地的農夫市集裡，沒有農家會在販售前，為他們的有機柑橘上蠟。

好、更好、最好的零廢棄採購

許多美國及世界各地的人提到當地沒有農夫市場或散裝食品箱（bulk bins），他們為必須購買塑料包裝的食品而感到非常罪惡。切莫為不是你創造出來的供應鏈感到罪惡，你還是必須進食，只要盡力就好。

在氣候溫和的北加州，一整年我們都可在露天農夫市集採買無包裝的當地蔬果。有些無包裝店鋪（bulk stores）甚至鼓勵顧客自備重複使用的袋子和容器，而大部分商家有販賣裝在玻璃瓶中的牛奶和奶油，這些玻璃瓶可歸還店家、重複填充。一旦把採買模式固定下來，現在的我就不再覺得零廢棄生活有任何困難。（還有我

幾乎每天都會穿勃肯鞋，沒錯，是勃肯鞋。）

假如沒有上述購買選項，你可以用其他方法來減少垃圾。

好

農產品

當地若沒有農夫市集，不如嘗試以下的策略：

- **攜帶可重複使用的蔬果袋購物。**攜帶可重複使用的蔬果布袋到商店購買蔬果，將零散的蘋果、紅蘿蔔、馬鈴薯等放入袋中。選擇直接購買一把青菜，如菠菜、蘿蔓萵苣等，而非裝在塑膠袋裡的蔬菜，並將食物的莖部保留下來做蔬菜清湯。

- **記得有些食品不需蔬果袋。**一串香蕉、一兩個洋蔥或一個南瓜（squash）可直接放入購物車，然後裝入購物袋。

- **加入「社群支持型農業」**（Community Supported Agriculture, CSA），**並提出無塑需求。**（譯註：CSA「社群支持型農業」是兩群人之間——消費者與生產者——的相互承諾及合作。消費者以會員方式，固定向農夫長期訂購農產品（通常以蔬菜水果為主），農夫每週定期將新鮮的當季產品寄送給消費者。）洽詢不同的「社群支持農業」、尋找包裝較少的選項，假設你參與的「社群支持農業」以過多塑料包裝食品，當你送回箱子時，連同包裝一起送回並附上紙條解釋原因。在美國，你可以透過「當地蔬果商家」聯絡網（Local Harvest, localharvest.org）找到附近的「社群支持農業」。

儲藏櫃的存糧

倘若附近沒有一個好的無包裝店鋪，以下方法可以幫助你減少食品與包裝的比例：

- **購買大包裝食品**。假如家裡食用 25 英磅的米，那麼就買 25 英磅大小袋子所盛裝的米。是的，你會丟棄一個巨大的塑料袋，但食品在抵達散裝食品箱之前，也是裝在巨大的包裝中。工作人員並不會在停車場種植稻米。
- **與朋友、鄰居共買大包裝食品**。向朋友、鄰居推銷共同購買的理念，說明透過一個人去購買和搬運食品，將可幫忙他們省下時間與金錢，況且透過聚在一起平分物品，還可以開個派對（呀呼）！你甚至可以組織自己的「購買社團」，直接向批發商訂購大包裝食品。

更好

農產品

如果你居住的城市有農夫市集，就去那裡採購吧！幾乎每個週末我都會去一趟農夫市集。北加州雖有大量的農田，在大部分的商店卻找不到一顆當地的蘋果，這實在讓人無法接受，這些商家販售的蘋果遠自華盛頓州或加拿大而來，上頭還貼了惱人的蔬果標籤。農夫市集的蔬果沒有什麼包裝，嚐起來也比商店的好，而且還提供了商店沒有的、諸多種類的蔬果。我也會買一些進不了超市、賣相不佳的蔬果，以助於減少食物浪費。我給的錢會直接到農夫手上，幫助他們可以持續經營。對了，記得帶上你的「零廢棄採購套組」！

農夫市集沒有優惠券

有多少次你看到給紅蘿蔔、高麗菜、白菜花（cauliflower）的優惠券？商店大多數會給加工食品折價優惠。如果你買的是原始的食物如新鮮蔬果，你不用擔心會多付什麼錢，一家商店再高級也無法將一顆蘋果的價錢抬高多少，但如果食品製造商將蘋果加工成蘋果醬或水果點心，不論在哪販售價格都會飆高。還是省下荷包，買一整顆蘋果吧！

儲藏櫃的存糧

假如你可以找到散裝食品箱，店家卻拒絕讓你使用自己的容器或蔬果袋：

- **重複使用店家的塑膠袋。**假設商店堅持購買散裝食品必須使用他們的塑膠袋，那麼你就一次又一次地重複使用那些塑膠袋吧！有誰會知道你每次用的不是新的塑膠袋呢？我不過隨口問問。

- **提出客訴。**我很訝異有些商家會斷然拒絕顧客自備他們的袋子和容器，難道他們不想賺錢嗎？還是生意太好了，所以能夠拒絕顧客上門？假如你有機會跟商店經理談話，向他們解釋如果顧客攜帶自己的袋子，他們就可以節省經費、買少一點塑膠袋。

最好

農產品

不論你居住的城市氣候是寒冷或溫暖：

- **延長季節。**例如，當夏季進入尾聲，用很低的價錢就能買來成堆的番茄，你

可以用幾種方法來保存它們。

- 烘烤及冷凍番茄。每到夏季我總會買二至四個盛滿番茄的 20 英磅箱子，烘烤和冷凍這些番茄，這樣整個冬季便有番茄可烹煮（請看 135 頁）。

- 製作及冷凍番茄糊 （tomato paste） 和披薩醬。一月的時候，你會非常高興能在冷凍庫裡面找到這些醬料 （請見 136、254 頁）。

- 發酵番茄。採用與番茄莎莎醬（tomato salsa）相同的做法，但略過其他蔬菜、只用番茄來當食材。將它放入冰箱，或者冷窖（cold cellar）中。

- 蒸乾番茄。我曾用太陽能乾燥機去除番茄的水分，它嚐起來像蜜餞一樣——事實上，它真的就是蜜餞。冬季我會把它們儲存起來，但因為實在太美味了，最後全會被吃光。用烤箱低溫燜烤番茄，也能去除它的水分。

- 罐裝蕃茄。用數個梅森罐（mason jars）儲存番茄，然後整個冬季都可以享用它們。

• 種植食物。在家中或者與朋友、鄰居在小型社區花園、果園中種植。不見得每個人都可以這樣做（或想要這樣做），但種植自己的食物，你會變得更加自給自足、省下花費、讓食物變得更美味、傳遞珍貴的終身技能給下一代、減少垃圾，還有你的食物不需經過幾英里、只要幾英尺就能到達餐桌，園藝同時也提供便宜的治療方式。假如你能養幾隻雞，就再也不用買雞蛋了。

儲藏櫃的存糧

假如能找到散裝食品箱，且能自備重複使用的容器、袋子，那麼你就能：

• 用罐子實踐零廢棄。容我再提醒一次：裝滿食品前，切記先為你的罐子、容器秤重。

- 很幸運地，在我住家附近就有一間無包裝店舖，提供非常好的食品選項。我能在那裡找到一些難得的產品，例如：烘焙酵母（baker's yeast）、多種口味的味噌、手工豆腐、楓糖漿、蜂花粉（been pollen）、韓式辣椒粉（做泡菜用）、鹽滷（做豆腐用）、義大利麵、糖蜜（molasses）、蜂蜜、各種烹飪油品、巧克力脆片（chocolate chips）、乾燥香菇、茶葉、各種乾燥香草及調味香料、海苔；發酵食品如美式酸黃瓜（pickles）、泡菜、德式酸菜（sauerkraut）；洗護用品如洗髮精、潤絲精、棕紅色染髮劑。

- 每幾個月我會採買大量的食品，帶上 20 至 25 個重複使用的容器，包括罐子和我的「蔬果兼散裝食品袋」。一些店家會為每個自備容器或袋子扣除 5 美分，一趟就能省下 1 元至 1.25 元美金。

- 假設省下這些微不足道的小錢不足以說服你嘗試購買散裝食品，那麼想像一下你能減少垃圾掩埋場裡垃圾的數量。覺醒之前的我若隨意購買 20 項包裝產品，我就會丟棄至少 20 個垃圾——通常更多，因為數量龐大，所以可能還需要幾個袋子或箱子來裝，而那些包裝絕大多數含有永遠無法分解的塑料。

· ·

鄰近的無包裝店舖

網站 zerowastehome.com/app 提供全球無包裝店舖的資訊。

這個網路應用程式也能讓使用者提出還未登錄的店家。

· ·

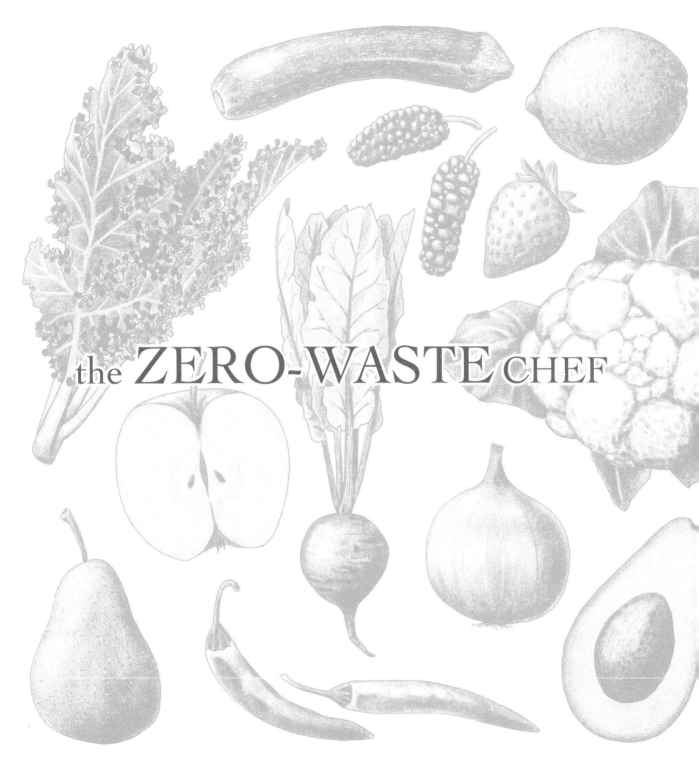

the ZERO-WASTE CHEF

第七章

存糧與廚餘的幻化魔術

客製化辣椒醬 Pick-Your-Peppers Hot Sauce, 103 頁

醃漬檸檬 Preserved Lemons, 107 頁

鬆軟漢堡麵包 Soft Burger Buns, 108 頁

家常辣椒粉 Homemade Chili Powder, 110 頁

蘋果碎末醋 Apple Scrap Vinegar, 113 頁

從酸麵種開始 Start with a Sourdough Starter, 117 頁

無所畏懼西點 No-Fear Pastry, 119 頁

鬆軟濃郁酸種墨西哥薄餅 Tender and Tangy Sourdough Tortillas, 121 頁

波旁街香草精 Bourbon Street Vanilla Extract, 123 頁

零廢棄堅果種子奶 No-Waste Nut and Seed Milk, 125 頁

香醇發酵酪乳 Luscious Cultured Buttermilk, 127 頁

優格繁衍優格 Yogurt Begets Yogurt, 128 頁

是的乳清，你可以做出瑞可塔 Yes Whey, You Can Make Ricotta, 131 頁

自製兩種原料酸奶油或法式酸奶油 Two-Ingredient Homemade Sour Cream or Crème Fraîche, 132 頁

一年四季皆可食用的番茄：燜烤番茄 A Tomato for All Seasons: Roasted Tomatoes, 135 頁

絕對值得的蕃茄糊 Worth-It Tomato Paste, 136 頁

升級版番茄醬 Stepped-Up Ketchup, 140 頁

蛋白蒜泥美乃滋 Egg White Aioli, 142 頁

隨心所欲而成，蜂蜜芥末醬 As You Like It Honey Mustard, 144 頁

任選堅果的堅果醬 Any-Nut Nut Butter, 145 頁

如何烹煮乾燥豆類 How to Cook Any Dried Bean, 148 頁

零廚餘零花費蔬菜清湯 Save-Scraps-Save-Cash Vegetable Broth, 151 頁

什麼都可搭，檸檬或萊姆凝乳 Lemon or Lime Curd on Everything, 154 頁

客製化辣椒醬 Pick-Your-Peppers Hot Sauce

如同大部分的發酵食品，這個辣椒醬也需要一點手工製作。基本上你需要先切碎、鹽漬辣椒，用重物擠壓約 1 小時或直至擠出辣椒的水分，然後填塞到乾淨的罐子。大約 1 個月之後，從罐中取出、加上一些醋（見 113 頁），用攪拌機攪動，然後 voilà！一個美味且充滿益菌的辣椒醬就此出爐！

選取何種辣椒來做辣椒醬，端看取得的容易度及你的耐辣程度。在我這裡的農夫市集，很容易就可找到墨西哥青辣椒和賽拉諾辣椒。假如你喜歡刺激，就加入一些哈瓦那辣椒，或者——如果你敢的話——更大膽的加入蘇格蘭帽椒（Scotch bonnets）。其他選擇包括卡宴辣椒（cayenne pepper）及各種阿勒波辣椒（chile de árbol）。弗雷斯諾辣椒的辣味接近墨西哥青辣椒，而拉布拉諾辣椒（poblanos）僅添些微辣度。

將辣椒填塞進罐子前，先嚐一下味道。假如調味料的辣勁過重，加入一些甜椒緩和辣度。你絕對不用因為無法忍受蘇格蘭帽椒而感到羞愧。

去除甜椒的頂部與種子，將頂部儲備起來之後使用。

將辣椒與甜椒切碎成約 ½ 英吋的長度，或者放入食物處理機。不要去除辣椒的種子。

將切碎的椒類放進碗裡，加入鹽巴、大蒜一起攪拌。試一下味道，若過辣就加入多一點甜椒。

把一個小碟子放在碗裡的食材上，碟子上再加一個發酵用加重器具（如一壺水），再用一條毛巾完整覆蓋發酵用加重器具與碗。重量會將

1½ 杯辣椒醬

1 個甜椒（如果需要的話可以準備更多）

1 英磅的辣椒，例如弗雷斯諾辣椒（fresno peppers）、哈瓦那辣椒（habaneros）、墨西哥青辣椒（jalapeños）、賽拉諾辣椒（serranos）。切除頂部。

2 茶匙的鹽

6 個剁碎的蒜瓣

¼ 杯蘋果渣醋，強勁的蘋果碎末醋（Apple Scrap Vinegar）（113 頁），或者康普茶醋（kombucha vinegar）（284 頁），或者其他風味的醋。

椒類的水分擠壓出來，靜置一兩個小時直至碗底形成一大攤液體。

　　用木湯匙或木質搗碎器將椒類填塞到罐子裡，罐子大小應足以在頂部保留 3 或 4 英吋的空間。千萬記得不要用手擠壓辣椒！將碗裡的液體倒入罐中。

　　將預留的甜椒頂部放在罐裡的辣椒上，再把一個小罐子（如果有的話）或其他重物壓在甜椒頂部上面。當蓋上罐蓋，小罐子就會擠壓甜椒頂部與其他椒類，使它們能浸泡在液體中。如果需要，加入少量的水來浸泡椒類。將罐子放在盤子上，用以接住二、三天後進入發酵活絡期，產生氣泡後所溢出的一些液體。在發酵時期，記得每日打開罐子以釋放積累的二氧化碳。

　　將辣椒罐儲存在室溫下。大約 4 週後，取出少量辣椒來聞聞看及品嚐，它應該帶有酸味。我喜歡用這些發酵辣椒來點綴花椰菜和馬鈴薯扁豆（potato dal）（244 頁）、鷹嘴豆馬薩拉（chana masala）（223 頁）和許多菜餚。你可以用個小罐子儲存罐裡的液體和一部分辣椒，以備日後使用。

　　將罐中的食材倒入食物處理機或高速攪拌機，加入醋一起攪拌至混合調勻。若想要稀一點的醬料，加入多一些醋。

　　將醬料倒入乾淨的瓶中、放入冰箱貯存，它能保存到一年以上。

小提醒

製做辣椒千萬小心！切碎辣椒之前，我會在雙手塗抹一些油來防護辣椒素——使辣椒產生辛辣味道的油質——辣到皮膚、產生灼痛感。不用塗抹太多油，以致於無法安全地握穩刀子。記得別犯跟我一樣的錯誤。處理辣椒後，不能用手揉眼睛或鼻子。假使你這麼做了，將一塊布浸泡在牛奶裡，敷在眼睛上。

下一道食譜……

罐裡剩下一點點辣椒醬時，倒入一些橄欖油，蓋上並搖晃罐子來混合它們，以做出帶有辣味的油。當你想為菜餚加辣，就可以拿它來炒菜，例如辛辣口味的洋蔥、熱炒蔬菜、炒蛋。

醃漬檸檬 Preserved Lemons

發酵賦予食品濃郁的風味，它是酸甜康普茶（kombucha）裡的酸味、番茄莎莎醬（tomato salsa）裡的濃烈、醃漬辣椒裡的醃酸，而本書所有發酵食譜裡辛辣味最為強勁的便是「醃漬檸檬」。

假如你有疏忽大意的傾向，又能找到一個罐子、一些鹽巴、一顆檸檬樹，這個頂級且免費的廚房存糧最適合你不過了，它可存放一個月以上。如果需要購買檸檬，記得避開農藥和人工果蠟，這道食譜恰好就需要珍貴的檸檬皮（檸檬果肉也可拿來食用）。

仔細刷洗檸檬，將六顆檸檬各切成相連的四片（底部留 ½ 英吋使其相連）。用 1 湯匙的鹽巴塞滿其中一個檸檬，填塞至乾淨的 1 夸脫罐裡。再以相同作法處理其餘 5 顆檸檬。在罐子頂部預留 3 英吋的空間。

剩餘的 4 顆檸檬擠出檸檬汁，倒入罐裡直至完全蓋過檸檬。檸檬應被緊緊地填塞到罐裡而非浮在上面，但假如有重物或小型的玻璃碗，便可壓在檸檬上使其充分浸泡在汁液中。蓋上罐子並放在盤子上，以盛接在發酵期間可能汩汩流下的檸檬汁。開始頭幾天記得每日為罐子排氣（打開罐子），以釋放累積的氣體。將罐子置於室溫下一個月。

當檸檬皮變軟就大功告成，這道食品可存放於冰箱一年以上。

6 顆醃漬檸檬

10 顆檸檬

6 湯匙海鹽

想要的話，亦可任選香料加入，例如 1 片月桂葉、3 或 4 顆丁香、5 或 6 個香菜籽、5 或 6 個黑胡椒粒、1 個肉桂棒

下一道食譜......

變軟的醃漬檸檬可拿來製作鷹嘴豆泥（hummus）（278 頁）、法羅麥與羽衣甘藍沙拉（farro and kale salad）（230 頁）。切碎的醃漬檸檬可作為花椰菜、馬鈴薯扁豆（potato dal）（244 頁）、鷹嘴豆馬薩拉（chana masala）（223 頁）的強勁飾菜。用完檸檬之後，罐底剩餘的檸檬汁還可拿來增添菜餚的風味或者做成調味料。

Plant-Forward Recipes and Tips for a Sustainable Kitchen and Planet

存糧與廚餘的幻化魔術

鬆軟漢堡麵包 Soft Burger Buns

不同於這本書裡其他的麵包食譜,鬆軟漢堡麵包需要商業酵母而非酸麵種(sourdough starter)。商業酵母能做出品質穩定的麵包,也不需像酸麵種那樣花心思照料。千年以來野生酵母一直是最主要的麵包膨鬆劑,但自從科學家在 80 年代末期研發出商業酵母,它的可靠性迅速攫取了野生酵母的地位。我絕對不會詆毀酸麵團所需的野生酵母,不過我承認用較為簡單的商業酵母來烘焙,你不用做任何筆記——除了你可能會記下兩倍的份量,因為這些鬆軟麵包實在太美味了。

將牛奶、水、奶油倒入小型的平底鍋,加熱直至奶油融化。待混合物冷卻到 105°F 至 107°F 之間;這溫度使混合物仍存有熱度,但不會滾燙到無法觸摸。

等待混合物冷卻時,在大碗中攪打酵母、鹽巴、糖和 2¼ 杯的麵粉。

將牛奶混合物倒入乾性材料中,加入蛋,攪拌至均勻混合。

加入剩餘的 2 杯麵粉,但一次只倒入 ½ 杯的份量,充分拌勻後再加入下個份量。

將麵團做成成球狀,放在撒了粉的檯面上,搓揉 7 分鐘直至麵團變得柔軟細膩具有彈性。將麵團放入抹油的碗中,翻轉它使得麵團外皮都能塗抹到油,然後用廚房擦巾蓋上。在溫暖處靜置 1 小時,直到麵團膨脹至兩倍大。

排出麵團的空氣,放在撒了麵粉的工作檯上,接著用鋒利的刀或麵團刮刀切割成 12 等份,將每一等份搓揉成圓形。用大拇指將麵團球的邊

---

12 個漢堡麵包

¾ 杯 (175 ml) 全脂牛奶或 2% 低脂牛奶

¾ 杯 (175 ml) 水,或者製作瑞可塔 (ricotta) 剩餘的乳清(whey) (131 頁)

¼ 杯 (½ 條;57 克) 無鹽奶油 (unsalted butter),以及多一些來塗抹餅乾烤盤

2¼ 茶匙 (7 克) 活性乾酵母 (active dry yeast)

1½ 茶匙 (8 克) 鹽

2 湯匙 (25 克) 糖

4¼ 杯 (553 克) 中筋或高筋麵粉 (all-purpose or bread flour),或視需要準備更多

1 顆大雞蛋,輕輕攪打

存糧與廚餘的幻化魔術

緣拉開、朝向底部折疊,擠壓麵團底部;旋轉並持續這樣的拉伸和擠壓直至球狀麵團變得光滑。稍稍壓扁麵團球。

　　用奶油塗抹兩個餅乾烤盤,將麵團球放在烤盤上,一盤放置 6 個。蓋上廚房擦巾,等待 30 分鐘使麵團發起直至蓬鬆。

　　烤箱預熱至 400°F,烘烤圓麵包 10 至 12 分鐘直到呈現金黃褐色。

下一道食譜⋯⋯

這些圓麵包正適合做黑眼豆蘑菇漢堡 (black-eyed pea and mushroom burgers) (225 頁)。倘若做了兩份圓麵包,將多餘的麵包 (不切開) 放入蔬果袋中,待下次突然想吃漢堡時,就有現成的圓麵包了。

家常辣椒粉　Homemade Chili Powder

要做出這辣勁十足的辣椒粉，你手邊可能已有許多材料，例如：孜然子（cumin seeds）、蒜粒、乾燥奧勒岡、煙燻紅椒粉（smoked paprika）。這個食譜也會需要辣椒乾（dried hot peppers）——在無包裝店舖或墨西哥市集可以找到它。

大安喬辣椒就像墨西哥辣椒（poblano peppers）一樣（大安喬辣椒未熟時採收，即為墨西哥辣椒），能賦予食物淡淡的辣味及濃郁風味。在這個混合香料中，大安喬辣椒能夠緩和強勁的阿勒波辣椒。或者你也可以用瓜希柳辣椒（guajillo peppers），它的辣度位於上述兩者之間。

辣椒粉可加在黑眼豆蘑菇漢堡（black-eyed pea and mushroom burgers）（225 頁）中，或者為墨西哥燉辣豆醬（249 頁）加料，它也可以作成燜烤鷹嘴豆（chickpeas）（268 頁）的美味調味料。

打開吊扇——如果有的話，以免吸入烤辣椒時產生的煙霧。用料理剪刀剪斷辣椒頂部約 1 英吋的長度。甩動辣椒去籽。

使用良好油烤過的鑄鐵鍋，用中火熱鍋後，將辣椒在鍋中攪拌、烘烤幾分鐘。加入孜然（cumin）和芫荽（coriander），持續攪動約 2 分鐘直至孜然子爆開。

將鍋裡的香料倒入食物處理機或高速攪拌機，加入大蒜、奧勒岡、紅椒粉充分混合。等待約 5 分鐘，讓香料在機器內沈澱下來再打開蓋子，以免吸入辣椒粉或讓辣椒粉不慎跑入眼睛裡。

將備好的香料存入罐中，加入其他調味料的行列。

½ 杯辣椒粉

3 條乾燥大安喬辣椒 (ancho peppers)

3 條乾燥阿勒波辣椒 (chile de árbol)

1 湯匙孜然子 (cumin seeds)

½ 茶匙芫荽籽 (coriander seeds)

1 湯匙蒜粒 (garlic granules)

1½ 茶匙乾燥墨西哥奧勒岡 (dried Mexican oregano)（或馬鬱蘭）(marjoram)

½ 茶匙紅椒粉 (paprika)

保留廚餘 (Save Your Scraps, SYS)

儲藏辣椒頂部為家常蔬菜清湯 (151 頁) 加點辣度，但調味清湯時，只需少量的阿勒波辣椒即可。

蘋果碎末醋 Apple Scrap Vinegar

釀造碎末醋的過程不費力也不花錢，就能做出大量濃烈的醋。通常我會用蘋果碎屑，或蘋果加一點梨子碎屑。鳳梨碎屑也能做出極好的醋（288 頁）。

假如你有吃蘋果皮的習慣——好極了，你減少了食物浪費！——將果核、蘋果碎屑貯藏在冷凍庫直到足夠的量來釀造一批醋品。低溫並不會傷害發酵微生物，它們只是會睡上一覺。

通常釀造酒品時，需避免醋酸菌（Acetobacter bacteria）的侵襲，以免它將酒轉變為醋，但製做醋品反而希望吸引這個菌種。為引來醋酸菌，用寬口罐釀造碎末醋，以增加能接觸空氣的表面積。使用密織但透氣的薄布密封罐口，例如棉布。

醋品產生醋酸味後，就可拿來烹飪和清潔。用洗髮皂（或者少量的小蘇打或裸麥麵粉）洗頭髮後，也能拿稀釋的醋品來沖洗頭髮。我也曾把鋼絲絨浸泡在碎末醋中數天，做出非常美的木材染色劑。

請別被這一長篇的食譜嚇到，釀造碎末醋的步驟其實非常簡單：將材料塞入罐中，每天攪拌、等待、過濾、裝瓶、享用。

將蘋果碎屑、糖、水加入一個乾淨的大型寬口罐，攪拌它們。在寬口罐裡放入一個小型罐以便壓住材料，使它們能浸泡在水中。完整地浸泡食材，能夠避免黴菌的生長。用一塊薄布封住罐口，以免污染物進入其中，並將罐子放在室溫下的廚房檯面上。

---

4 杯醋品

8 顆大蘋果的果核及果皮（約 4 杯）

1 大湯匙的白砂糖（granulated）、天然蔗糖（sucanat）、原蔗糖（rapadura）、或椰糖（coconut sugar）

足夠的水以覆蓋蘋果碎屑（4 至 5 杯）

（依據蘋果碎屑的份量等比例增加或減少）

小提醒

• 假設碎末醋變淡，顏色呈黃色而非金黃色，加入一匙的糖來餵養微生物，讓他們能製造更多的醋酸。微生物也會製造更多的二氧化碳，積累密封罐中的氣體，記得每天打開罐子以釋放壓力。

• 釀造碎末醋常見的問題是卡姆酵母菌（Kahm yeast），它會在液體表面形成白色薄膜。盡量將它刮除。關於卡姆酵母菌更多的資料，請看 41 頁。

接下來幾天一想到這些碎屑就可攪拌它，一天攪拌數次。攪拌能將氣體注入發酵品中，助長微生物活性，同時避免在表面形成黴菌或卡姆酵母菌。我非常喜愛喝茶，每次進廚房泡一杯茶，我就攪拌一下碎末醋。

幾天之後，你的調製品應該開始產生氣泡，這時就可將攪拌的次數減少到 1 天 1 次。冒泡數天後，罐裡的內容物會開始散發輕微的酒味。發酵時間長度不定，但很可能再一週後，你的醋品就會開始變酸。

氣泡平息之後（開始製作的第 10 天或 2 週後），將水果碎屑過濾。這時水果已喪失甜味，可拿去堆肥。碳酸作用停止後，將醋倒入乾淨的瓶中。反之再倒回罐裡，直到氣泡不再產生。瓶裝碎末醋之後，為了安全起見，每幾個禮拜打開瓶子 1 次以釋放瓶中可能累積的二氧化碳。

適宜的釀醋方法可讓你的醋近乎永久地保存在櫥櫃上。

● 在罐底可能會看到白色沈澱物。要移除它的話，可用密織布來過篩醋品、倒入一個乾淨的罐中，盡量把沈澱物留在舊罐子中。

下一道食譜……

假如一個水母狀、看似原始生物的一團物體出現在醋品中，恭喜你！讀了山鐸‧卡茲的《發酵聖經》（Sandor Katz's The Art of Fermentation）之後，我認識到醋酸菌膜（vinegar SCOBYs）（由酵母菌與細菌的共生組成）和紅茶菌膜（kombucha SCOBYs）擁有相同的結構，於是我開始用碎末醋酸菌膜成功地釀出康普茶。假設你想釀造康普茶但找不到紅茶菌膜，你可以嘗試用這種方法培養菌膜。切記要有耐心，菌膜通常需要好幾週才能形成。

從酸麵種開始 Start with a Sourdough Starter

酸麵種或野生酵母，具有讓麵包發酵、蓬鬆的作用（譯註：rise 除了「升高、上升」的意思外，用在烘焙上是指「（讓麵團、麵包）發、發酵膨脹起來」），它就像寵物一樣需要定時餵養。如果你疏於照顧起種，「酸麵團保護服務」不會出現在你家門口，但如果你讓起種太過衰弱到無法搶救的地步，就必須重新製做一個新的起種。

假如你飼養的是大型起種，在定時餵養期間，丟棄麵種──從起種移除的麵團──會迅速地累積起來，因此我會讓我的起種埃莉諾，保持嬌小的體態。她是起種之中的吉娃娃，而非英國獒犬。（是的，她有個名字，她還有生日派對，而且比較想做女生。）

用飼養過的活麵種來烘焙時，記得避免在一個食譜上全部用完。就像錢滾錢一樣，你也需要起種來做出起種。假設你不小心吃完全部的起種，就回來這裡尋找培養程序，然後重頭再將起種拉拔長大，成為一個自給自足的麵包。

要製做起種，在一個玻璃罐或不會起化學作用的碗裡（關於碗的選項請見 63 頁），用叉子混合裸麥麵粉、中筋麵粉和水。起種的黏稠度應與厚麵糊相同。用布、盤子或蓋子緊緊地覆蓋容器，並放在一個溫暖但不會過熱的地方。

每天攪拌。假設一層乾麵粉皮出現在表層，刮除它做成堆肥。幾日之後，氣泡會開始出現在容器裡，而你的起種也會開始散發氣味。起種的氣味可能不會十分好聞，但這是正常的。當你看見氣泡，而起種的氣

½ 杯少量的起種

開始製作起種

3 湯匙 (25g) 裸麥麵粉或全麥麵粉 (rye or whole wheat flour)

3 湯匙 (25g) 中筋麵粉 (all-purpose flour)

3 湯匙 (50g) 滿滿的室溫水

每一次飼養所需的份量

1 大湯匙 (22g) 的起種 (starter)

3 湯匙 (25g) 裸麥麵粉或全麥麵粉 (rye or whole wheat flour)

3 湯匙 (25g) 中筋麵粉 (all-purpose flour)

3 湯匙 (50g) 滿滿的室溫水

味從麵粉味變成酸味、酵母味、水果味，乃至聞起來有點像髒襪子的時候，開始每天餵養它。在適當的時間點到來之前，持續耐心地每天攪動。（起種的新手父母經常太早開始飼養起種，導致起種無法成功地孕育出新生細菌和酵母菌。）

飼養起種時，攪動它，並將一大湯匙的起種麵團移到另一個乾淨的玻璃罐或盤子上。將移除的麵團拋在腦後——我們稱它為未飼養的起種，或者丟棄麵團。將裝著丟棄麵團的罐子貯存在冰箱裡，你會持續加入新的丟棄麵團。飼養幾週之後，累積起來的丟棄麵團會開始變酸，此時可拿它來烘焙薄煎餅（pancakes）（169 頁）或脆餅（crackers）（263頁）。不要用丟棄麵團來烘焙麵包，它所含有的酵母菌數量無法使麵包發起。

一開始的碗或罐子裡，現在只剩大約滿滿一大湯匙的起種。以裸麥麵粉、中筋麵粉及水餵養、攪拌，蓋上容器後，靜置一旁直到隔日大約同一時間再餵養。

如上述一般持續餵養，移除滿滿 6 湯匙（約 80%）、加入 3 湯匙（25g）的各種麵粉、滿滿 3 湯匙（50g）的水。頭幾次餵養後，起種會在數小時內微膨脹一些。經過一週的每日飼養，每次飼養的 4 至 6 小時內，它就會膨脹到兩倍大再逐漸下沉。此時你的起種已經成熟，恭喜你！你現在可以用它來烘焙麵包了，為它取一個可愛的名字吧！

小提醒

● 培養出成熟的起種後，假如你想要從每日飼養的流程中喘口氣，將它放進冰箱，一週取出來餵養一次。不想烘焙麵包的話，就讓它膨脹一小時以上再放回冰箱。千萬記得要培養成功起種後，才能放入冰箱貯存。

● 若想加速餵養的動作，將同等份量的裸麥麵粉（或全麥麵粉）與中筋麵粉放入一個容器裡，如此你每次只需取出 ¾ 杯（50g）的混合麵粉，而不用從每種麵粉中個別取出。

● 假設中筋麵粉用完了，可用百分之百的裸麥麵粉、全麥麵粉、斯佩耳特小麥粉（spelt flour），或者混合幾種麵粉來餵養起種。

● 倘若希望稍微加快起種膨脹的速度，用不會太燙的溫水（約 80℉）來飼養起種。

● 這是一個百分之百含水量的起種，意即它含有等量的麵粉及水。

無所畏懼西點 No-Fear Pastry

鬆軟酥脆的西點是零廢棄料理必備的食品。我們只做必要做的事。用手邊的各種材料盡情地在這塊空白的畫布上揮灑。夏季可在法式水果酥派（galette）（297 頁）上，以大黃（rhubarb）、新鮮藍莓、鮮甜多汁的水蜜桃作為配料；秋季則可烘焙出可盛裝酸蘋果、甜柿子的酥皮，或者南瓜塔。西式餡餃中則可放入少量的炒蘑菇、焦糖洋蔥、烘烤奶油南瓜（請見 209 頁的「餡餃」（empamosas）食譜）。又或者在一個寒冷的冬季夜晚，為一個充滿奶油味的蔬菜鍋餡餅蓋上派皮（見 247 頁的「祖母的鍋餡餅」（Granny's Pot Pie））。

害怕製作西點嗎？放輕鬆！要做出美味的西點，可以從冷食材開始。切下一塊冷奶油，在使用前先貯存在冰箱裡。麵粉、工具都可以一起冷藏。製作麵團之後，冷藏它；擀完麵團、塞入餡料後，再次冷藏。冷麵團中凝結的油脂會在烤箱中釋放蒸氣，創造出定型的香脆酥皮。

若要做純素西點，用椰子油取代奶油。測量所需的椰子油之後冷藏。如果椰子油變得太硬而無法使用，靜置幾分鐘之後再拌入麵粉中。

若使用食物處理機，攪拌數次讓麵粉和鹽充分混合。加入奶油時，一次加一小塊並再次攪拌，直至混合物看似充滿大粒的豆子。假設用手製做西點，在碗裡攪打麵粉及鹽，然後用酥皮切刀（pastry blender）或兩把刀切下奶油拌入其中。

徐徐倒入冰水，一次倒入一湯匙。用食物處理機攪拌數次，手作西點的話，則用叉子攪拌。持續一次加入一湯匙的水，直到當你捏起一大

1 個 9 到 10 吋的派皮，或法式薄餅酥皮（pie or galette crust）

1¼ 杯 (163g) 中筋麵粉（all-purpose flour）

½ 茶匙鹽

½ 杯或 1 條 (114g) 無鹽奶油 (unsalted butter) 或椰子油，冷藏後切成小塊

3 至 4 湯匙 (45 至 60ml) 冰水

塊麵團時，它能夠輕易地沾黏在一起。假設麵團崩裂，就再加入適量的冰水，但不要加太多以免麵團過於黏稠。

在撒上一層薄麵粉的工作檯上，倒出麵團，搓揉成球形，再壓扁成圓盤狀。將圓盤狀麵團放在盤子上，上方再倒扣另一個盤子。放入冷藏庫至少 1 小時，或者冷凍庫 20 分鐘。

保留廚餘 （Save Your Scraps, SYS)

將剩餘西點碎屑整型成一個球狀，搓揉成長方形，撒上肉桂粉和糖，然後再卷成圓柱狀，用一把利刀切成一片一片。在鐵製烤盤上以 375°F 烘烤直至變成金黃色。

鬆軟濃郁酸種墨西哥薄餅
Tender and Tangy Sourdough Tortillas

美國一年花費 40 億美元在墨西哥薄餅上，是的，你沒看錯，百萬、千萬、億的「40 億」美金。每一個墨西哥薄餅的塑料包裝都提供了空間給那些實驗室製造、一連串名詞的添加劑——你想要避免去食用的化學物質；而透明塑料也提供了，嗯，一個透明的空間給食物。

好消息是，你能夠輕鬆地在家做出零包裝的墨西哥薄餅。除非你特別喜愛含有添加劑的薄餅，或者被 40 億美金的市場所誘惑、投入製造商的行列，要不然你一定能找到免除包裝的方法。

假如不立即煎烤墨西哥薄餅，將備好及發酵過的麵團放入冰箱儲存不超過五天。突然生起想吃的慾望時，就可以掰開幾大塊麵團，趁著熱鍋的空擋擀好它們，然後在幾分鐘之後享受你的墨西哥薄餅。

因為使用的是未飼養、帶酸味的起種，這些墨西哥薄餅散發一種自然、濃郁的風味，拿來搭配辛辣的菜餚是絕佳的選擇。可與墨西哥豆泥（refried beans）（204 頁）、墨西哥鄉村煎蛋（huevos rancheros）（181 頁）一起食用，或者切成小片沾著鷹嘴豆泥（hummus）（278 頁）享用。

在不會起化學反應的中型碗（見 63 頁）中，加入中筋麵粉、全麥麵粉、鹽巴一起攪打。

用酥皮切刀、兩把刀或你的手指將椰子油或奶油切下、拌入麵粉混合物中直到呈現砂礫狀。

10 張 6 吋的墨西哥薄餅皮

1½ 杯 (195g) 中筋麵粉 (all-purpose flour)，或者視需要更多

¼ 杯 (34g) 全麥麵粉 (whole wheat flour)

½ 茶匙鹽

3 湯匙 (43g) 凝結的椰子油 (solid coconut oil) 或無鹽奶油 (unsalted butter)

½ 杯 (140g) 丟棄酸麵種 (sourdough starter discard)（105 頁），攪拌過

⅓ 杯 (80g) 水，或者製作瑞可塔 (ricotta)（117 頁）剩餘的乳清 (whey)

加入起種、大約一半份量的水，持續攪拌以做出有點硬度的麵團。假設麵團太硬的話便加入其餘的水。用手將未能拌入麵團中的麵粉，一起加入麵團中攪拌。此時麵團應該變得非常黏稠。

在碗裡搓揉麵團 2 至 3 分鐘直至平滑。以盤子覆蓋碗，靜置於檯面上十小時使麵團發酵（見「小提醒」）。若發酵後不立即煎烤，儲存在冰箱內不超過 5 天。使用麵團前，移至室溫下 15 分鐘以易於擀製。

將麵團放在撒滿麵粉的工作檯上，切成 10 塊，揉成球形後壓扁。在麵團圓餅上撒上一層薄麵粉，用擀麵棍擀製成 6 吋的圓形，保留 吋的些微厚度即可。一邊在麵團及工作檯撒上更多麵粉，一邊持續擀製墨西哥薄餅。

取一個乾燥、良好且油烤過的鑄鐵鍋，用中大火熱鍋後，將墨西哥薄餅放入鍋中煎 30 至 60 秒，當薄餅上方出現氣泡時，翻面續煎 30 秒。將煎好的薄餅移至鋪了毛巾的碗裡，折下毛巾蓋在上方，以保持薄餅的柔軟與溫熱。

持續煎其餘的薄餅然後移至碗中。準備食用時，先從碗底最軟的那片薄餅開始。

若有任何剩餘的薄餅，可用熱煎鍋軟化及加熱 20 至 30 秒鐘，或者放在蒸籠裡，蒸籠底下燒一壺徐徐滾沸的水。

小提醒

• 如同製作西點一般，你也可以用食物處理機來製做麵團。將麵粉、鹽放入食物處理機，加入椰子油攪打直至成砂礫狀。加入未飼養的起種、半份量的水，持續攪打至混合均勻。視需要加入剩餘的水，攪打麵團直至緊實、黏稠。

• 如果想要的話，完成麵團製作後可略過發酵的步驟，直接煎烤墨西哥薄餅。

下一道食譜......

吃剩的薄餅可拿來烘烤墨西哥玉米脆片（tortilla chips）。將剩餘薄餅的兩面刷上橄欖油，用料理剪刀將每塊薄餅剪成 8 個三角形，放在鐵製烤盤上、撒些鹽巴，以 350°F 烘烤 10 分鐘直至變得酥脆及呈現淺褐色。

波旁街香草精 Bourbon Street Vanilla Extract

　　如同許多現在我做的食物——泡菜、碎末蔬菜湯、酸奶油、碎末醋等，第一次製作香草精的時候，我不禁感到疑惑：怎麼以前會不常做這樣食材呢？它實在太容易了。將兩樣材料放入罐子裡，放到一旁，記得時偶爾搖一搖，然後等待至少 2 個月。

　　想像所省下的錢、不會進入垃圾掩埋場的包裝、又能增添食物的風味，以及自製香草精所代表的小小反抗行動，它值得等待。調製香草精後，在它遠遠要用完前再做出另一批。不要在用完最後一滴之後，才開始製做下一罐，除非一年你只烘焙兩次——若是如此，我建議你看一下293 頁的成人口味布朗尼（Grown-Up Brownies）。

　　將香草豆莢切成根部相連的兩半。

　　放入罐裡，倒入波旁威士忌，然後關緊蓋子。每週一次，或者你想到時，搖晃一下罐子。如果搖晃時，香草豆莢浮出液體表面，重新確認它有被浸泡到。

　　讓香草精在室溫下生香加工（cure）2 至 3 個月之後，再使用它。

　　當你調製下一罐香草精時，加入這次用過的香草豆莢，或者再度萃取原本的香草豆莢。因為第一次已萃取出許多的香草精，第二次萃取時，將波旁威士忌的份量減半，以增加香草的濃度。第二次萃取需比上一次多等一個月才能熟成。

Plant-Forward Recipes and Tips for a Sustainable Kitchen and Planet

1 杯香草精

3 個新鮮又柔軟的香草豆莢 (vanilla pods)

1 杯波旁威士忌 (bourbon) (見「小提醒」)
小提醒

你也可以用伏特加 (vodka)、蘭姆酒 (rum)、白蘭地 (brandy)、單一麥芽蘇格蘭威士忌（single malt whiskey）來取代波旁威士忌。

下一道食譜……

香草豆莢經過生香加工數次之後，可拿來製做香草糖（vanilla-infused sugar）。將用過的香草豆放在小型的烘焙器皿裡，以 200°F 的烤箱烘乾 20 分鐘，或直到變得乾燥。放入乾淨的香料或咖啡研磨機裡碾磨。將這幾茶匙的香草粉與 2 杯的白砂糖（granulated sugar）一起混合，作為烘焙使用。也可再將這些糖加入香料研磨機裡，持續碾磨、做出與精緻細砂糖（confectioners' sugar）類似的精細香草糖（superfine vanilla sugar）。

存糧與廚餘的幻化魔術

零廢棄堅果種子奶 No-Waste Nut and Seed Milk

3 杯種子堅果奶

1 杯無鹽原生堅果 (raw, unsalted nuts)，或者生帶殼種子 (raw shelled seeds)，例如腰果、杏仁、胡桃、核桃、南瓜籽、葵花籽，或將種子堅果混合在一起。

3 杯水，加上可拿來浸泡的水

少許鹽（非必要）

有很長一段時間，我很想製作堅果奶但總提不起勁。問題不在味道，它嚐起來濃郁細膩，遠勝於商店買的堅果奶。麻煩在於剩下的堅果泥——一方面我不能丟棄它，一方面我不知道怎麼把平淡無味的剩餘堅果泥從我認為應該吃的食物變成我真的想吃的食物。既然我想吃格蘭諾拉麥片（granola）（178 頁）及水果奶酥甜點（fruit crumble）（299 頁），不如把一些濾過的堅果泥加入這些食物中。你也可以把一點剩餘堅果泥加入湯或燉品裡，使之變得濃稠。一旦你決心用完所有食物，它就變成一個遊戲。你將變得非常有創造力，同時餐點也將變得更加美味。

將堅果與種子混合一起做出植物奶，假設想加一點調味，可拌入香草精，或者杏仁萃取液和甜味劑，如糖、楓糖漿、蜂蜜、糙米糖漿（brown rice syrup）等等。

將堅果與種子放入罐裡，用數英吋的水浸泡它們。蓋上罐子，在室溫的檯面上放置一晚，或者將罐子放入冰箱長達 48 小時。浸泡的時間越長，堅果奶就會越濃郁。

仔細地清洗及過濾種子和堅果。將堅果、種子和 3 杯清水放入一般或高速攪拌機攪打幾分鐘，或直到堅果被碾磨成粉、無法磨得更碎為止。

在一個大型碗上，放置篩網，或者在瀝水籃上鋪上一層細纖維布——細亞麻布、薄棉布（butter muslin）、或高品質的細織薄紗棉布（high-quality, tightly woven cheesecloth）——將混合物倒入布中後，讓堅果泥靜置約 10 分鐘，地心引力會令它釋出大部分的汁液。將布的四邊收起、

包裹堅果泥成一個球狀，盡量把剩餘的堅果奶擠乾。或者你也可以用堅果奶袋（nut milk bag）來濾出堅果奶。

大量剩餘的堅果渣可拿來做第二批堅果奶。將堅果渣重新倒入攪拌機，加入比上次更少的水（約兩杯），重覆上述的製作過程。這一批將不如上批那般濃郁細膩。願意的話，還可重複第三次；亦可將這幾批的植物奶混合在一起。

將堅果或種子奶倒入玻璃罐，放在冰箱裡貯存 5 天左右。假設冰箱裡的堅果奶出現沈澱物，使用前先搖晃罐子。剩餘的堅果渣若不立即使用，先冷凍起來。

小提醒

• 假設想用一、兩個去核椰棗（pitted date）來提升甜味，將椰棗與杏仁一起研磨，以過濾出椰棗渣。

• 堅果含有植酸，它是一種抗營養因子，能與礦物質結合進而妨礙人體吸收礦物質。浸泡堅果能夠破壞這些連結，讓堅果及堅果奶更容易消化。浸泡過的水已含有這些抗營養因子，不要食用它，拿去澆你的植物。

下一道食譜……

願意的話，可將堅果泥放入低溫烤箱中脫水烤乾。將堅果泥在鐵製烤盤上鋪成薄薄一層，放入 225ºF 的烤箱烘烤 2 小時，或直到完全烘乾。脫水乾燥的過程中，每半小時攪動堅果泥一次，以分離凝結成塊的堅果泥，以及避免堅果泥沾黏在鐵製烤盤上。將乾燥的堅果渣用食物處理機攪打，最後放入冰箱或冷凍庫貯存。日後製做薄煎餅（pancakes）（169 頁）、速發麵包（quick bread）（176 頁）、薄脆餅乾（crackers）（273 頁）時，即可丟入幾匙一塊料理。

香醇發酵酪乳 Luscious Cultured Buttermilk

這道食譜確實只需 2 分鐘——可能 5 分鐘，如果你在檯面上打翻牛奶，不得已得停下來擦乾。因為需要一點發酵酪乳來做出更多的酪乳，所以開始製做前得先買一小紙盒。尋找含有發酵乳的發酵酪乳，避開鹿角菜膠等的食品添加物。你的發酵酪乳理論上可永久地持續做出更多酪乳，你可以在自己的遺囑中將它遺贈他人，不過記得託付給一個有責任感的人。

假設你不直接飲用這充滿益生菌的發酵酪乳——當然，很可能你會想喝下它！——但你經常購買酸奶油（sour cream）或法式酸奶油（crème fraîche），在手邊留一點發酵酪乳就可幫助你製做出美味的自製酸奶油（132 頁）。

將酪乳及牛奶倒入罐中，攪動後蓋上罐子，搖動罐子使其混合。

將罐子放在一個溫暖、沒有冷空氣吹過之處，靜置 24 小時後，將罐子放進冰箱。

酪乳可存放至少兩週。為了保持菌種的活性，喝完之前記得先開始製做新的一批。

2 大杯發酵酪乳

¼ 杯發酵酪乳

2 杯全脂牛奶

下一道食譜......

我知道此刻你正急著翻找書裡酸奶油的食譜，以便能品嚐到更可口的酸奶油，同時將那些塑料容器永拒門外（118 頁）。別急，酸種格子鬆餅（sourdough waffles）（150 頁）也需要兩杯的酪乳，所以記得發酵足夠的酪乳來持續產生新酪乳。

優格繁衍優格 Yogurt Begets Yogurt

自大女兒的嬰兒時期開始，我便開始製做優格，但我從來沒有停下來思考這中間牽涉了什麼過程——發酵牛乳。我只知道若將牛乳加熱、加入上次的優格（一種稱為「接種發酵」（backslopping）的手法），就能得到更多的優格。而整個製作過程也就不過如此。

如果讓優格在冰箱裡過濾兩至三天，則能做出美味的脫乳清酸奶（labneh），或優格起司（yogurt cheese）。它的口味接近奶油乳酪（cream cheese）但格外增添了美好的益生菌。

要做出成功的優格，避免使用超高溫殺菌（ultra-pasteurized），或超高溫瞬間殺菌（ultra-heat-treated, UHT）牛乳，它們無法發酵地很好，或根本無法發酵。如同許多需要發酵劑的食譜，一開始你會需要先購買優格。尋找良好品質，單純只含有牛奶及活菌的優格。

在一個重型鍋裡，用中小火將鮮乳徐徐加熱到 180ºF，並不時攪拌以免優格過於灼燙。在這個溫度，鮮乳會開始在鍋沿產生泡沫。

讓鮮乳降溫到 110ºF，使鮮乳存有溫熱但非滾燙。

將優格拌入牛乳中，蓋上鍋蓋，或倒入罐裡，或移到加蓋的淺盤中。放在一個溫暖之處過一晚，隔天早上將凝結的優格放入冰箱。

要製做希臘優格，用咖啡過濾器或者鋪了薄紗棉布（或其他薄布）的篩網來過濾優格，並放在容器上以蒐集乳清。靜置 1 小時以上，直到優格達到你喜好的濃稠度。

要製做脫乳清酸奶，將優格透過鋪布的篩網中過濾到碗中，在篩網

3½ 杯優格

4 杯全脂鮮乳

½ 杯含有活菌的優酪乳

下一道食譜......

既然手邊有已濾過、含有益生菌的乳清，不如開始製做其他發酵品，如番茄醬（140 頁），或者加入湯品中增添風味，或者製做酸種墨西哥薄餅（sourdough tortillas）（121 頁）。

上倒扣一個盤子，連同碗一起放入冰箱。幾天之後，當優格達到可塗抹的濃稠度，移入乾淨的罐子裡。

是的乳清，你可以做出瑞可塔
Yes Whey, You Can Make Ricotta

倘若每個人一生中都至少製做過一次起司，那麼這世界就只會浪費極少量的起司。當你見證需要多少鮮乳（非常多）才能做出多少起司（非常少），你就會珍惜起司背後所有的資源——首先需要土地和水來種植乳牛食用的飼料，乳牛也需產出足夠鮮乳才能製做起司。你再也不會讓任何起司在你的眼皮底下被浪費，連同乳清一起珍惜食用。

製作瑞可塔，我選用玻璃罐「可再填充及退回」之非均質化鮮奶及奶油（non-homogenized milk and cream）。均質化鮮奶（homogenized milk）也可以用，但避免超高溫殺菌（ultra-pasteurized）及超高溫瞬間殺菌（ultra-heat-treated, UHT）牛乳，它們恐怕會無法凝結。

取一個重型底部的鍋具，混合鮮乳、奶油、酪乳。如果想要的話，加一點鹽。

以中火緩緩將混合物加熱到 190°F 到 200°F 之間（沸騰之前的溫度），此時它會開始凝結。從火源上移開，靜置 10 至 20 分鐘，使得凝乳能夠沈澱到鍋底。

在一個大碗上，放置鋪了細纖維布——如細薄棉布，或高品質、可重複使用的起司紗布——的瀝水籃或大型篩網。小心倒入凝乳混合物，讓瑞可塔過濾 15 分鐘至數小時，端視你喜愛的濕度。移至玻璃容器裡，放入冰箱貯存不超過一週。

1½ 杯瑞可塔（ricotta）和 4 杯的乳清（whey）

4 杯全脂鮮乳

1 杯重奶油 (heavy cream)

1 杯香醇發酵酪乳 (Luscious Cultured Buttermilk)（見 127 頁及「小提醒」）

½ 茶匙鹽，如果想要的話

下一道食譜……

此時剩餘的乳清與含有活菌的優格乳清不同，你無法使用它來發酵任何食品，但它能讓漢堡麵包（burger buns）（108 頁）及酸種墨西哥薄餅（sourdough tortillas）更加柔軟，也能為托斯卡尼豆子湯（ribollita）（252 頁）增添濃郁的風味。乳清也能以冷凍的方式妥善保存。

小提醒

假如沒有發酵酪乳，在加熱過的牛奶裡加入 2 湯匙的檸檬汁，或 2 湯匙的蒸餾白醋，牛奶就能開始凝結。

自製兩料酸奶油或法式酸奶油
Two-Ingredient Homemade Sour Cream or Crème Fraîche

在美國，商店販售的酸奶油幾乎每一匙都裝在塑膠盒裡。假如你喜愛酸奶油，對它的需求無疑成為無塑生活的首要難題之一。找到解決方案就像進行一個生命儀式，如同在減塑生活裡經歷猶太成人禮（bat mitzvah）（猶太裔孩子的成人典禮）一般。

要做出酸奶油，將一點發酵酪乳（127頁）拌入一些「半對半」鮮奶油（half-and-half，譯註：一半牛奶一半鮮奶油的乳品，可加於咖啡、茶、熱巧克力，也可用來製作湯底，義大利麵醬或鬆餅等餐點）之中。然後等待、冷藏、享用。法式酸奶油可用同樣方法製成，但以重奶油取代「半對半」鮮奶油。你不用花工夫加熱食材，只需攪拌和等待，且再也不會浪費任何「半對半」鮮奶油或重奶油了。

下一道食譜……

酸奶油可搭配墨西哥鄉村煎蛋（huevos rancheros）（181頁），墨西哥豆泥（refried beans）（204頁），或者任何可用上一小球的辛辣餐點。在義大利煎蛋（frittata）（234頁），或者溫熱的法式水果酥派（fruit galette）（297頁）上加入幾匙法式酸奶油，它們會變得異常美味。或者，沒人看到的時候，挖上一大匙偷偷享用。

---------------------1杯酸奶油---------------------

在乾淨的罐裡混合一湯匙發酵酪乳與一杯「半對半」鮮奶油（乳脂12%），蓋上罐子。在一溫暖處靜置24小時，然後放入冰箱使其凝結。

---------------------1大杯法式酸奶油---------------------

在乾淨罐中混合¼杯發酵酪乳與一杯重奶油（乳脂38%），蓋上罐子。在一溫暖處靜置24小時。此時它會呈現酸奶油的濃稠度。放入冰箱使其凝固。

一年四季都能吃到的番茄：燜烤番茄
A Tomato for All Seasons: Roasted Tomatoes

當人們聽到我不購買包裝食品時，他們經常會問：「你需要罐裝蕃茄時，該怎麼辦？」無塑生活的頭幾個月，我也經常納悶該怎麼獲取罐裝番茄這個食材？

一天我的主管教我一個小訣竅，讓現在的我視為信仰般奉行不悖。（無塑生活變得如同宗教一般。）每個秋季當番茄的季節進入尾聲、價格下滑時，我會買上幾個20英磅箱子盛裝的番茄，每個切成4塊，（通常）與搗碎的大蒜一起緩緩燜烤，然後冷凍起來。

我喜愛小型、旱作「早熟少女番茄」（Early Girl tomatoes），它是北加州農夫市場夏季及初秋極受歡迎的農產品。藉由減少澆灌番茄的水量，農夫迫使植物生產出濃郁、充滿甜美風味的小番茄。也可採用果肉厚實的聖馬札諾番茄（San Marzanos），但多汁的祖傳番茄（heirlooms）則稍嫌太多汁了一些。

將番茄切成四塊，如果很小則切成對半。平鋪一層在鐵製烤盤上。想要的話，也可鋪上大蒜。在 250°F 的烤箱慢煮 1½ 至 2 小時，直到燜烤完成、番茄變甜與鬆軟。

想要的話，也可等番茄冷卻後，放入食品研磨器去除番茄皮。移至罐中冷凍。（關於用罐子冷凍的方法，請見 25-26 頁。）

6~8 夸脫，依據番茄種類而定

20 磅的成熟番茄

1 顆大蒜，剝開及搗碎蒜瓣（非必要）

下一道食譜……

這些番茄可用於烹調托斯卡尼豆子湯（ribollita）（252 頁）、鷹嘴豆馬薩拉（chana masala）（223 頁）或辛辣餐點（chili）（136 頁）。或者做出自製番茄糊（tomato paste）（136 頁）、番茄醬（140 頁）和快速義大利麵醬（quick tomato sauce）（254 頁）。若移除番茄皮，將皮脫水後則可做成爆米花的佐料（275 頁）。

小提醒

假設你想要罐裝而非冷凍番茄，將罐裡的燜烤番茄放入熱水中，記得加入一點酸（如檸檬酸），使番茄能很好地罐裝貯存。

絕對值得的蕃茄糊　Worth-It Tomato Paste

從備好番茄，烘烤，放入食品研磨器到將番茄泥煮成糊狀，這道食譜需要 5 至 6 小時完成，但它絕對值得你花的每一分鐘。嚐了一口後，你會不禁自忖：我這幾年吃的都是些什麼？為什麼當初沒有買 40 磅的番茄？而且，假如你已烘烤出幾磅的番茄，在這道絕對美味的食譜上你已經領先一步了。

不用擔心，這 5 至 6 個小時並非全是手作時間！

若使用成熟的番茄，將它們放進大型湯鍋、加入橄欖油，以中火燉煮 40 分鐘直至鬆軟多汁，番茄皮開始與果肉分離為止。

把具有小洞的磨盤裝上食品研磨器，將番茄一批批地倒入研磨機中來移除番茄皮與番茄籽。保留果皮及種子來製做蔬菜清湯（151 頁）。（假設用的是帶皮的燜烤番茄，同樣放入食品研磨器中處理。）

將番茄泥放回湯鍋裡，加入楓糖漿、月桂葉和鹽，以中小火徐徐燉煮約 1 小時直至濃稠。為避免燒焦，請經常攪拌它。（你可以省略燉煮的步驟，但番茄泥就需在烤箱裡更久，才能煮成番茄糊。）

將烤箱預熱至 250℉，在兩個 9×13 英吋的玻璃烘焙盤上塗抹一些橄欖油，將番茄泥分成一半，分別平鋪在烘焙盤上，放入烤箱。

每 20 分鐘看一下烘烤中的番茄、攪動一下，燜烤 2½ 小時至 3 小時直到番茄泥變得濃郁、黏稠，體積縮減一半。

2½ 杯蕃茄糊

10 英磅的成熟番茄，切成四塊，或者 3 至 4 夸脫的燜烤番茄（見 135 頁；小提醒）

2 湯匙橄欖油，如果想要的話，可多準備一些在封罐時使用

¼ 杯楓糖漿

2 片月桂葉

1 湯匙加上 ½ 茶匙的鹽

小提醒

李子番茄（plum tomatoes）或聖馬札諾番茄（San Marzanos tomatoes），以及「早熟少女番茄」（Early Girl tomatoes）是製做番茄糊的好食材。多汁的祖傳番茄（heirloom tomatoes）需要更久時間才能煮成番茄糊，且煮出來的量較少。

待番茄糊冷卻後，裝入小罐子，在番茄糊上方塗抹一層薄薄的橄欖油，放進冷藏庫貯存至少一個月，或冷凍庫裡數月。也可以用製冰盒來冷凍番茄糊（但上方不要塗抹油），一旦冷凍後，放進寬口玻璃罐中，需要時再從冷凍庫拿出番茄糊冰塊取用。

下一道食譜......

不如來製做一個登峰造極的零廢棄番茄醬吧！既然做出番茄糊，差不多就可做出番茄醬了。扔掉那充滿玉米糖漿的「亨氏」番茄醬塑料瓶，改成一種你會願意鼓勵孩子們食用的番茄醬吧（140頁）。

存糧與廚餘的幻化魔術

Plant-Forward Recipes and Tips for a Sustainable Kitchen and Planet

升級版番茄醬　Stepped-Up Ketchup

研發這道食譜時，原本我想用丁香粉（ground cloves），卻從充滿罐子的香料櫃中不經意地拿成印度綜合香料──一邊想著，我當然知道每樣東西的位置，結果卻促成了一個令人驚喜的美好意外。做出來的番茄醬實在美味！

假使想立即食用或跳過發酵步驟，你可以不用乳清或鹽水，將全部材料混合後放入冰箱貯存即可。假設想發酵番茄醬，不要用過濾瑞可塔的乳清，因為它已不含活菌，改為製作優格的乳清，或者發酵蔬菜（如醃漬青豆（dilly beans），197 頁）的鹽水。這些好菌將帶給腸道額外的好處，即便與薯條一起食用也是如此。

在罐子裡，將番茄糊、康普茶、蜂蜜、乳清、肉桂、印度綜合香料、卡宴辣椒混合一起，如果想要的話，也可加入 ¼ 茶匙鹽。蓋上罐子。

將罐子放在檯面上 3 至 5 天，以完成發酵。時間的長短將依據廚房的溫度而定。不同於充滿氣泡的德式酸菜（sauerkraut）或泡菜，番茄醬只起些微的泡沫。每天打開罐子，為罐子排氣。

將罐子放入冰箱，它能貯存到幾個月，但因為番茄醬會持續緩慢地發酵，一個月內食用完畢風味最佳。

---

3 杯少量番茄醬

2 杯「絕對值得的蕃茄糊」（Worth-It Tomato Paste）（135 頁），或市售番茄糊（見「小提醒」）

½ 杯醋酸康普茶（vinegary kombucha）（252 頁），或蘋果醋（apple cider vinegar）

¼ 杯生蜂蜜（raw honey）

2 湯匙製作優格剩餘的乳清（whey）（128 頁），或發酵蔬菜的鹽水（brine）（197 頁）

⅛茶匙肉桂粉（ground cinnamon）

⅛茶匙印度綜合香料（garam masala）

⅛茶匙卡宴辣椒粉（cayenne pepper）

¼ 茶匙鹽（非必要；見「小提醒」）

小提醒

- 發酵蔬菜的鹽水非常地鹹，假設使用它，混合材料時不立即加鹽，待嚐過味道後，再決定是否添加鹽巴。

- 假設不想發酵番茄醬，便可省略乳清或鹽水。製做完成後，在番茄醬上方塗抹一層薄薄的橄欖油，並立即放入冰箱。它可以貯存至少一個月。

- 假如使用蘋果醋，選擇含有醋母的品牌，例如布拉格有機蘋果醋（Braggs），來啟動發酵過程。你也可以使用非常濃烈的蘋果碎末醋（Apple Scrap Vinegar）（113 頁）。

- 使用店家購買的番茄糊也能進行發酵。選用單純只含有番茄的番茄糊。

下一道食譜……

將番茄醬加在義大利煎蛋（frittata）（234 頁）或炒蛋上，實在美味地令人驚嘆！

存糧與廚餘的幻化魔術

蛋白蒜泥美乃滋 Egg White Aioli

零廢棄大廚

在我們的認知裡，有些東西似乎天生無法混合：茱麗葉的凱普萊特家族和羅密歐的蒙太古家族、美國民主黨和共和黨、油和水，但蒜泥美乃滋（aioli）——口感細膩，如同美乃滋的蒜蓉醬——卻是從蛋清（水）和油製做而成，這證明了其實我們都能夠和平共處。況且它非常好吃！

如同和平大使，在不到 5 分鐘之內，你會將對立的兩方合併在一起。將蒜泥美乃滋塗抹在三明治上，拌入經典的馬鈴薯沙拉，或者作為法式蔬菜沙拉（crudité platter）的沾醬。你也可以用蛋黃來做出蒜泥美乃滋，但這裡使用的是蛋白。倘若你經常烘焙，面對剩餘的單獨蛋清你可能會不知如何是好，產生「雞蛋分離焦慮症」——使用蛋白就可解決這道難題。

假設使用的是浸入式攪拌機（immersion blender），將蛋白、鹽、檸檬汁、大蒜和油放入一個深度足夠的寬口罐，將攪拌機放入罐底攪打材料不到一分鐘，直至混合成美乃滋一般的醬料。

假設使用食物處理機（food processor）或攪拌機（blender），將蛋白、鹽、檸檬汁、大蒜一起研磨，視需要刮下兩壁的材料。在機器運作時，緩緩倒入油，此時蒜泥會迅速凝結，一旦產生這個現象，立即關閉機器。（假如讓機器持續運作，醬料會變得濃稠、結塊，就像打發用奶油（whipped cream）的濃稠度從細膩變成固態奶油一般。）

將蒜泥美乃滋裝進玻璃罐，放入冰箱貯存最多 5 天。

⅔杯美乃滋

1 個大蛋白

⅛茶匙鹽

½ 茶匙新鮮檸檬汁

2 顆中型蒜瓣，搗碎備用

½ 杯酪梨或葡萄籽油

小提醒

假如你有多餘的蛋黃而非蛋白，可做出蛋黃蒜泥美乃滋。

下一道食譜……

如果用的是一整顆蛋，而非剩餘的蛋白，用掉蛋黃最簡易的方法就是做成炒蛋，或用於義大利煎蛋（frittata）（234 頁）。你也可以將蛋黃加入酸種薄煎餅（sourdough pancakes）（169 頁）。

隨心所欲而成，蜂蜜芥末醬
As You Like It Honey Mustard

家常芥末醬幾乎可說是自力而成，不過當它靠自力完成後，仍需時間變得香醇。品嚐前多放個幾天。浸泡過的芥末籽經過研磨，短短數天後味道仍然非常辛辣苦澀，你只會在想痛哭一場時，才會立即食用它。但是多等待幾天，你將領悟到：再也不需要購買市售高級芥末醬了。

在一個小罐中，將芥末籽、醋、葡萄酒、蜂蜜、鹽、薑黃和辣椒一起混合。蓋上罐子，放在室溫下的檯面上 1 至 2 天。

將材料放入食物處理機攪碎直至充分混合，但仍保留完整的芥末籽。（假設想要更平滑的口感，也可持續攪打材料。）

將芥末醬裝入罐中，在室溫下靜置 5 天至 1 週。

品嚐一下，若需要則適當地加以調味。放入冰箱貯存數月，它的味道將隨時間變得越加醇厚。

½ 杯蜂蜜芥末醬

¼ 杯黃芥末籽 (yellow mustard seeds)

¼ 杯蘋果碎末濃醋 (Apple Scrap Vinegar) (113 頁)，康普茶濃醋 (kombucha vinegar) (284 頁)，或蘋果醋

¼ 杯糖分少的白葡萄酒 (dry white wine)

1 湯匙生蜂蜜 (raw honey)

¾ 茶匙鹽，或視需求加入更多

½ 茶匙薑黃粉

⅛茶匙卡宴辣椒粉 (cayenne pepper)

下一道食譜……

在罐子底部或四周留著一小茶匙的芥末醬嗎？直接用罐子製做沙拉醬，來享用這最後一丁點；做出檸檬沙拉醬，淋在由豆類、青菜和穀類組成的沙拉上（232 頁）。

任選堅果的堅果醬　Any-Nut Nut Butter

各種風味組合的可能性讓堅果醬成為一道很好的數學題。

喬與一位零廢棄實踐者相約喝咖啡,他想用一罐自製的堅果醬擄獲芳心。在喬儲藏齊全的廚房裡,能找到他儲存起來的花生罐、腰果罐、胡桃罐、開心果罐和杏仁罐。(喬怎麼可能還單身呢?)上述就是從他最喜愛的烹飪書裡選出的一道食譜——他現在的女伴就是看到喬與這本烹飪書的合照而向右滑。(譯註:在交友平台 Tinder 上,若向右滑動就表示對某人按讚。)按照食譜說明,他可以用鹽、肉桂、椰子乾(dried coconut)、蜂蜜或椰棗為自製堅果醬添加風味,想要的話,甚至可做成能多益(Nutella)巧克力醬。

喬能做出多少種不同組合的堅果醬?

喬還需要在交友平台 Tinder 上停留多久?

寫下你的演算過程。

將烤箱預熱至 350ºF。

將堅果在有邊烤盤(rimmed baking sheet)上平鋪一層,烘烤 5 分鐘,攪拌一下,再持續烘烤 5 分鐘,直到堅果呈金黃色但非暗沈。

假設使用榛果,當榛果冷卻至能夠觸摸的時候,包裹在毛巾內搓揉,以利於移除大部分的榛果皮。不用太擔心無法去除全部的堅果皮。

將堅果放入食物處理機攪打。它會從砂礫狀、大型球狀,最後釋放出油脂變成細滑的堅果糊。耐心等候直到釋放油脂的最終階段。你可能需要攪打堅果長達 10 分鐘。

1 杯堅果醬

1½ 杯無鹽原生堅果(raw, unsalted nuts),例如杏仁、腰果、胡桃、花生、開心果(pistachios)、核桃、榛果或夏威夷果

¼ 茶匙鹽(非必要)

任何你想加的材料(例如鹽、香草精(vanilla extract)、蜂蜜或楓糖漿(maple syrup)、椰棗(dates)、肉桂(cinnamon)、可可粉(cocoa powder),或融化的巧克力)

加入任何你準備的添加材料，繼續攪打。

堅果醬在室溫下貯存即可，除非你需要一段時間才能吃完。若要長期貯存（2 個月或更久），可放進冰箱存放。

下一道食譜……

喬用能多益（Nutella）巧克力醬成功打動了妳。想做出它的話，用上述程序做出榛果醬（hazelnut butter）。當它變得非常滑順，加入以下材料繼續攪打，直至充分打碎混合。

¾ 杯精緻細砂糖（confectioners' sugar），或精細香草糖（superfine vanilla sugar）（123 頁）

⅜ 杯無糖可可粉（unsweetened cocoa powder）

一大撮鹽

½ 茶匙波旁街香草精 (Bourbon Street Vanilla Extract) (123 頁) 或市售香草精

2 到 4 湯匙溶解的椰子油，以達到想要的濃稠度

它與酸種全麥餅乾（sourdough graham crackers）（273 頁）搭配起來非常美味，事實上，搭配什麼都好吃。

the ZERO-WASTE CHEF

如何烹煮乾燥豆類 How to Cook Any Dried Bean

如同許多低廢棄食品，烹煮乾燥豆類需要提前一點規劃——但不需太多，而且這樣的規劃通常都會獲得回報。乾燥豆類烹煮之後有一種細綿、有嚼勁的口感，它比罐裝豆類更可口，花費很低，而且它的組成完全取決於你放入鍋中的食材。

美國幾乎每家商店都有散裝食品區，販售無包裝的乾燥豆類。有些散裝箱的週轉率較高，但無論如何，你無法評估你的乾燥豆類有多新鮮。比起存放較久的豆子，新鮮乾燥豆子煮起來比較快，也較能平均煮熟。乾燥豆類擺放越久，它們就會持續脫水但速度不一。當你烹煮豆子時，會發現有一些已經變得軟糊，但卻有一些仍固執地維持生脆。要將豆子平均煮熟，先浸泡在水中至少 6 小時。浸泡也能縮短烹煮時間（進而減少能源消耗），同時減少豆類中會導致不適及脹氣的碳水化合物（寡糖）。

為了節省時間，既然你會有一個鍋子、慢燉鍋或壓力鍋不斷冒著泡烹煮豆子，不如一次煮多一點份量，預備起來用於其他菜餚。只要鍋子容量夠大，多煮一些確實不需要額外的工作，況且它們也不需分批煮熟。當你需要在菜餚中加入豆子，只要伸手從冰箱抓出一、兩罐豆子，與此同時，感謝以前具有卓越遠見的自己。豆類也能以冷凍的方式妥善保存。

2½ 至 3 杯豆子，依種類而定

1 杯乾燥豆類，例如斑豆 (pinto beans)、黑眼豆 (black-eyed peas)、鷹嘴豆 (chickpeas)、腰豆 (kidney beans)、柯波拉紅點豆 (borlotti beans) 或酸果蔓豆 (cranberry beans)、赤小豆 (adzuki beans)，或黑豆 (black beans)

水或者「零廚餘零花費蔬菜清湯」(Save-Scraps-Save-Cash Vegetable Broth)（151 頁）

可隨意加入的調味：月桂葉 (bay leaf)、大蒜、一些帶葉小枝的迷迭香 (rosemary)、百里香 (thyme)、奧勒岡 (oregano)，或鼠尾草 (sage)

--------------------- 浸泡 ---------------------

翻攪、挑選豆子，並丟棄任何碎渣，例如小碎石、泥土、樹枝。在瀝水籃中以流動的冷水清洗豆子，將清洗過的豆類放進大碗裡，加入 3

英吋的水浸泡。用一個大盤子倒扣在碗上。將豆子浸泡至少 6 小時、低於 14 小時。

清洗及過濾豆子。（浸泡過程會除去一些無法消化的碳水化合物，它們會進入浸泡水中，不要用這些水來煮豆子。）

假設沒有這麼多時間浸泡豆子，可採用「快速浸泡法」。在鍋中放入清洗過的豆類及水，煮沸後關火，蓋上鍋蓋，靜置 1 小時。濾水後即可開始烹煮菜餚。

-------------------- 用一般鍋具烹煮 --------------------

將清洗過的豆子放進荷蘭鍋，或者其它足以容納豆子的重型鍋具，加入能蓋過豆子 2 吋高度的水或清湯。願意的話，也可加入香草及大蒜。

以中大火煮沸後，立即轉成小火來燉煮豆子，蓋上鍋子的一部分，持續燉煮 1 至 3 小時直至豆子變軟。（緩緩燉煮可平均煮熟豆子，並讓它保持粒粒分明。）視需要補充鍋內的水。

當豆子能通過「五豆測試」，就代表煮熟了。假如你吃五粒豆子，每一粒都軟熟，那麼表示所有的豆子都已煮熟，只要有一粒沒有通過測試，就持續燉煮，然後每 15 分鐘確認一次。

貯存

將任何不立即食用的豆子，連同煮豆子的水一起放入冰箱冷藏。它們可在冰箱內保存約一週。豆子亦可以冷凍方式保存，用罐子冷凍的方法請看 25–26 頁。

存糧與廚餘的幻化魔術

Plant-Forward Recipes and Tips for a Sustainable Kitchen and Planet

―――――――――――――― 用慢燉鍋烹煮 ――――――――――――――

　　若烹煮腰豆，先在爐上煮沸一鍋水，加入腰豆煮 10 分鐘，再進入下個步驟。（煮沸能夠降解腰豆中具有毒性的植物血凝素（phytohemagglutinin））。

　　將浸泡過的豆類放進慢燉鍋的內鍋，加入水或濃湯足以蓋過豆子兩英吋，願意的話可加入香草及大蒜，以低溫烹煮 5 至 8 小時。

　　5 小時之後，進行「五豆測試」。假如有一粒豆子失敗，便持續烹煮豆子；每 15 至 30 分鐘確認一次。

―――――――――――――― 用壓力鍋烹煮 ――――――――――――――

　　將浸泡過的豆子放進壓力鍋，加入足以蓋過豆子約 2 英吋的水及清湯。（鍋內的豆子及水勿超過最高水位線。若需要的話，便分批烹煮。）在水中加入幾滴油，以免排氣管堵塞。願意的話也可加入香草和大蒜。

　　將鍋蓋緊密闔上，以大火開始加壓。依據你的壓力鍋及豆子種類，豆子將在 1 至 10 分鐘之內煮熟。（參考符合壓力鍋型號的操作手冊來決定烹煮的確切時間。）

下一道食譜……

當過濾煮熟的豆子，將美味的清湯保存下來作為湯品的基底，例如用於托斯卡尼豆子湯　（ribollita）（252 頁），或者用於任何需要蔬菜清湯的食譜。將豆子清湯貯存在冷藏庫幾天，或冷凍庫數月。

零廚餘零花費蔬菜清湯
Save-Scraps-Save-Cash Vegetable Broth

上回購買蔬菜清湯時，我的孩子還小，我沒有任何白髮，而火星人布魯諾（Bruno Mars）還在唱〈Just The Way You Are〉。杜絕現成清湯的這 10 年，我估計這道自製碎屑清湯幫我省了至少 250 元美金（以一年 10 個利樂包裝的清湯來計算）。

這道確實零花費的碎屑清湯味道可口，它的無包裝食材沒有被塑料包裝所污染，且只含有你親手放進去的單純材料。此書之前視為堆肥物的食物殘渣，現在它們的最後一滴精華都被擠出、進入這道湯裡。

將今天當作「收集蔬菜殘渣」生活的啟程日，自這天起，當你用蔬菜食材來準備晚餐、午餐、點心等等，你將開始保存：

• 蘆筍粗硬的梗子（asparagus woody ends） • 甜椒碎屑（bell pepper bits） • 適量花椰菜碎屑（broccoli bits, in moderation） • 紅蘿蔔根部（carrot ends） • 適量白菜花莖部（cauliflower cores, in moderation） • 西芹碎屑及葉子（celery bits and leaves） • 玉米粒（corn kernels）、玉米棒芯（corn corbs）、玉米葉（corn husks） • 黃瓜皮（cucumber skins） • 適量茄子皮（eggplant peels, in moderation） • 大蒜碎屑（garlic bits） • 四季豆尾部（green bean tails） • 適量香草莖部（herb stems, in moderation） • 適量的辣椒切除部分（hot pepper trimmings, in moderation） • 韭蔥蔥綠與白色根部（leek greens and white ends） • 切除的生菜（lettuce trimmings） • 蘑菇梗（mushroom stems） • 適量

成品份量不定

蔬菜皮及殘渣

水

的洋蔥與紅蔥皮以及切除部分（onion and shallot trimmings and skins, in moderation）• 歐洲防風草根皮（parsnip peelings）• 適量馬鈴薯皮（potato skins, in moderation）• 南瓜纖維及果皮（pumpkin fibers and skins）• 蘋果碎末（scraps of apples）、梨核（pear cores）或葡萄碎屑（scraps of grapes）也可 • 菠菜切除部分（spinach trimmings）• 櫛瓜或印度南瓜碎末（summer or winter squash bits）• 番茄核心與果皮（tomato cores and skins）• 等等

將所有殘渣冷凍起來，直至積累足夠做出一鍋清湯的食材。如果可能的話，做一點事前規劃，你會發現稍微解凍的殘渣比較容易從罐裡取出。

將蔬菜碎屑放入大型鍋具，加入勉強覆蓋食材的水量。不用擔心有些殘渣會突出水面，經過燉煮它們自然會收縮、軟化。

沸騰之後，轉成小火，持續燉煮 20 至 30 分鐘。

將殘渣過濾。在金屬瀝水籃上鋪一塊薄布，或者在大碗中放置堅果奶袋，將鍋中的內容物小心地倒入。待殘渣冷卻至能夠觸摸，將布的邊緣收起、包覆殘渣成一個球狀，旋轉布球，盡可能地將全部湯汁擠壓出來。將殘渣拿去堆肥。

假使立即會使用湯汁，可貯存在冷藏庫。或者待它冷卻後，放入罐子冷凍貯存。也可使用製冰盒，一旦湯汁方塊結冰後，再放入玻璃罐中（使用罐子冷凍的方法，請見 25-26 頁）。

下一道食譜……

你有太多選擇了！將清湯加入美式鍋餡餅（pot pie）（247 頁）或含有白菜花與馬鈴薯的扁豆菜餚（potato dal）（244 頁）之中。或者拿來烹煮浸泡過的乾燥豆類（148-50 頁），又或者單純地用它來煮穀物，如米飯或北非小米。

存糧與廚餘的幻化魔術

Plant-Forward Recipes and Tips for a Sustainable Kitchen and Planet

什麼都可搭，檸檬或萊姆凝乳
Lemon or Lime Curd on Everything

大多數的凝乳食譜會指示：在熱凝乳冷卻時，直接在上面覆蓋一層保鮮膜以免表面結皮。我個人寧願看到冷卻凝乳上結皮，也不願吃下在高溫時接觸塑料的食物。而且告訴你一個秘密：食用凝乳皮不會有什麼事發生，有些人甚至還喜愛這凝乳皮。假如你不喜歡就將它揭除，送給喜愛的人食用，然後一邊模仿湯姆·索亞的口吻：「好吧，我想你可以吃我的凝乳皮，但僅只這一次！」

仔細刷洗檸檬或萊姆，然後擦乾。用銼刀刨絲器或檸檬刨絲器削下皮屑，不論使用何種器具，避免加入內皮、非常苦澀的白色部分；你會需要總共 2 茶匙的檸檬皮屑。

削下皮屑後擠出檸檬或萊姆的汁液；你會需要 ½ 杯果汁。

取一個耐熱玻璃碗、金屬碗或雙層鍋爐的上層，攪打蛋黃及糖直到混合調勻。加入果汁及檸檬皮屑，持續攪打蛋黃與糖的混合物。

將兩吋的水倒入一個小型鍋具，加熱使之緩緩沸騰。將碗放入徐徐沸騰的水中，持續攪打 7 至 10 分鐘，直到混合物能夠塗抹上乾淨金屬湯匙的背面。

戴上烤箱手套，立即將熱碗從鍋中移除。

加入奶油，一次一塊，持續攪打直到完全融入。裝進罐裡冷藏，冷卻的凝乳會逐漸凝結。

1½ 杯檸檬凝乳

4 顆檸檬或萊姆

4 個大蛋黃

½ 杯糖

6 湯匙 (¾ 厚度) 冷卻無鹽奶油 (unsalted butter)，切成六等分

下一道食譜......

看到剩下 4 個大蛋白，莫要驚慌！用幾個來做出兩份的辣味堅果 (spiced nuts) (267 頁)，或在幾分鐘之內攪打出蛋白蒜泥美乃滋 (egg white aioli) (142 頁)。又或者冷凍起來儲備日後使用。

the ZERO-WASTE CHEF

第八章

發起來吧！麵包與早餐

知道怎麼做就容易！酸種麵包 #EasyWhenYouKnowHow Sourdough Bread, 159 頁

全麥酸種──酪乳格子鬆餅 Whole Wheat Sourdough Buttermilk Waffles, 167 頁

甜或鹹味酸種薄煎餅 Sweet or Savory Sourdough Pancakes, 169 頁

薄煎餅、鬆餅的速成莓果醬 Quick Any-Berry Pancake and Waffle Sauce, 171 頁

酸種焦糖果仁麵包卷 Sourdough Sticky Buns, 173 頁

櫛瓜速發酸種麵包 Sourdough Zucchini Quick Bread, 176 頁

隨意而成的格蘭諾拉麥片 Anything Goes Granola, 178 頁

墨西哥鄉村煎蛋（莎莎水波蛋）Huevos Rancheros （Salsa-Poached Eggs），181 頁

知道怎麼做就容易！酸種麵包
#EasyWhenYouKnowHow Sourdough Bread

當我探尋著如何用最少的材料做出麵包，我成為了酸麵團的追隨者。與其購買現成的酵母，我希望能從麵粉及水的混合物中捕獲、培養野生酵母，做出酸麵種。將多一點麵粉、水和一點鹽加入麵種，就能從這三樣基本材料創造出非常怡人、令人垂涎三尺的麵包，而其中一樣材料還是免費從自家水龍頭取得。

社交媒體上一位愛爾蘭烘焙師喬・菲茨莫里斯（Joe Fitzmaurice）曾用過一個主題標籤，我用它來總結這篇的內容：#EasyWhenYouKnowHow 知道怎麼做就容易。假如以下的細節令你望而生畏，你可將它們簡單地歸納成七個步驟：

1. 製做發酵麵種。
2. 浸泡麵粉。
3. 將浸泡過的麵粉與發酵麵種混合。
4. 在基礎發酵期間，為麵團做伸展拉折（stretch and fold）。
5. 為麵團整型。
6. 醒發麵團（proof the dough）。
7. 烘焙麵包。

這道食譜是根據麥克・波倫（Michael Pollan）所撰寫的《烹：人類如何透過烹飪轉化自然，自然又如何藉由烹飪轉化人類》（Cooked: A

2 條麵包

建議的器具：

適當的工具導致比較好的結果。假如你決定要經常烘培酸種麵包，我會極力推薦取得以下的器具（更多這方面的資訊以及替代品請見 61 頁）。

料理秤 (kitchen scale)

荷蘭鍋 (dutch oven)

麵團刮刀 (dough scraper)

麵包刀片或麵包刀 (razor blade or lame)

班尼特發酵籃 (banneton baskets)

發酵麵種：

⅜ 杯 (50g) 裸麥麵粉 (rye flour)

⅜ 杯 (50g) 中筋麵粉 (all-purpose flour)

少量 ½ 杯 (100g) 溫水，約 80°F

1 湯匙 (17g) 活躍酸麵種 (active sourdough starter) (117 頁)

Natural History of Transformation）一書中的食譜，以及查德·羅勃森（Chad Robertson）的《TARTINE BREAD：舊金山無招牌名店的祕密》（Tartine Bread）。

　　假設你用百分之百自己研磨出的新鮮研製麵粉來烘焙，麵包會非常粗硬。要做出較為蓬鬆的麵包，最多⅔用新鮮研磨麵粉、⅓則用市售麵粉——假如你決定自己研磨麵粉的話，但並非必要。

　　製做麵包時，記得勤做筆記，注意在不同階段麵團的香氣、觸感、味道，這些都是麵團進程的一些線索。這裡記錄的是製做麵包的粗略流程，你可以依據自己的規劃來調整時間點。

　　記得廚房的環境——熱度、濕氣、你住所裡的微生物——都將決定麵團發酵速度的快慢。

------------------- 第一日　◇　9 p.m. -------------------

　　要從活躍的酸麵種開始（117 頁），那代表這一天更早之前，在 6 a.m. 和 2 p.m. 的時候我就分別餵過起種。（我偏好一天餵養兩次，但有時也會一天一次。）發酵麵種實際上就是為你的食譜製做大一點的起種。

1. 製做發酵麵種：取一個不會起化學作用的中型碗，混合麵粉與溫水來飼養酸麵種，然後蓋上盤子以免在表層形成乾麵粉皮。將發酵麵種放在一個溫暖但不會過熱的地方。

2. 浸泡麵粉以製做麵團：在一個不會起化學作用的大碗裡，合併麵粉與溫水，用手將所有材料充分混合，用盤子緊密蓋上，然後靜置於室溫下。

麵團：

4½ 杯 (600g) 全麥麵粉 (whole wheat flour)

2 杯 (225g) 裸麥麵粉 (rye flour)

1½ 杯 (175g) 中筋麵粉 (all–purpose flour)

3 杯加 2 湯匙 (750ml) 溫水，約 80°F

1½ 湯匙 (25g) 粗鹽 (coarse salt)

3 大湯匙 (50g) 溫水，用於溶解鹽

1. 用乾淨、濕潤的手拌勻發酵麵種與浸泡過的麵粉，靜置 20 分鐘，於此同時混合鹽及溫水。

2. 將鹽水加入混合過的麵粉，並用手將材料混合均勻。注意一下時間，此時標誌了基礎發酵的開始，靜置 20 分鐘。

3. 為麵團做第一次的拉折：以濕潤的手伸進麵團底部拉開麵團，折回中心。將碗旋轉 ¼ 圈，重複拉伸、折回的步驟。將上述動作再重複兩次，總共需要做 4 次的拉折。

4. 在最初 1 小時裡，每 30 分鐘做一系列的拉折。隨著麵團變得較為鬆弛，便需減少處理的次數。做一兩個循環後，等待 40 分鐘再做下個循環，然後以 45 分鐘的間隔完成剩餘的拉折。（萬一少做一次循環不用太擔心，麵團是非常寬宏大量的。）依據廚房的熱度及濕氣，基礎發酵可在 4 或 5 小時後結束。我的麵團通常約 5 小時就會開始裂開，因此我不會超過 4½ 小時。你的基礎發酵則可能需多或少一點時間。基礎發酵結束時，麵團將變得鬆弛、光滑又有彈性。

為麵包加料

假設想在酸種麵包裡加入種子、堅果、橄欖或葡萄乾，做完第二個拉折循環之後，立即用手指將添加材料擠壓進麵團裡。

• **種子（seeds）**：混合芝麻籽（sesame）、葵花籽（sunflower）和亞麻籽（flax seeds），加上一點茴香籽（fennel seeds）是很好的選擇。加入總共 1½ 杯（220g）。以 350ºF 的烤箱烘烤 10 分鐘後，將種子們放進一杯溫水中浸泡 30 分鐘，再加入麵團。種子會吸收大部分的水，將多餘的水過濾。

• **堅果（nuts）**：以 350ºF 烘烤 1½ 杯（192g）5 至 10 分鐘，直至散發香氣但不至於黯沈。將整顆的大堅果剁碎成小塊。

• **橄欖（olives）**：將 3 杯（400g）的整顆去籽橄欖（whole pitted olives）切碎成小塊。

• **葡萄乾（raisins）**：將 3 杯（400g）的黃金葡萄乾（golden raisins）浸泡在溫水裡 30 分鐘，瀝水後加入麵團。

-------------- 第二日 ◇ 12：00 正午時分 --------------

1. 在木砧板上撒上一層薄麵粉，將麵團倒在上面，以麵團刮刀切割成一半。用濕潤的手一邊輕柔地旋轉麵團，一邊將它的邊緣朝底部擠壓，直到捏成兩個相當均勻的圓球。切勿過度揉整麵團。

2. 用布各別覆蓋麵團，靜置 20 分鐘。與此同時在班尼特發酵籃上鋪撒大量的麵粉。（假設沒有發酵籃，也可以在兩個碗上鋪布，撒

上滿滿的麵粉。）

3. 為了麵團在折疊時能夠沾黏在一起，除非必要，不要在麵團或工作檯上撒上更多的麵粉。用麵團刮刀將第一個麵團球翻面。以濕潤的手輕柔伸展麵團上方及邊緣，製成一個 8 吋的正方形。像折信紙那般，將正方形分成左、中、右三區相互交疊：先將左邊向中間折疊，然後將右邊折疊於上，做成一個長方形。從底部將麵團往上捲起成一個緊實的麵包，但避免將氣泡擠出。將麵粉薄薄地撒在麵團上。在另一個麵團球上重複同樣的動作。

4. 將麵團放入發酵籃，折疊處朝上。（當你將麵團丟入荷蘭鍋，折疊處便會朝下。）用布覆蓋麵團。（假如沒有荷蘭鍋而用土司烤模烘培，同樣用土司烤模來醒發麵團。放入麵團前，在土司烤模上撒滿玉米粉。）

5. 醒發麵團：放入冰箱一晚，或者靜置於室溫下 2 至 3 小時、於同一天烘焙。我會將麵團放進冰箱過夜 8 至 16 小時，這種冷藏發酵麵團（cold proof）能為我做出比較好的麵包。

------------------ 第三日 ◇ 6 a.m. ------------------

如果你已經完成冷藏發酵麵團，將第一份麵團從冰箱取出。

1. 將蓋上的荷蘭鍋送進烤箱預熱至 500℉（或者預熱披薩石）。將預熱好的荷蘭鍋從烤箱取出，打開鍋蓋，將發酵籃裡的麵團倒入——小心不要燙到自己。（或者將麵團從發酵籃倒在烘焙石板上，或撒了玉米粉的鐵製烤盤上。）

2. 以麵包刀或一把非常鋒利的刀子在麵包表面劃線：深深地劃進麵

團，割出一條直線、一個 X、井字號或其他簡單的線條設計。戴上烤箱手套，蓋起荷蘭鍋，重新將荷蘭鍋送入烤箱。（或者在烘焙石板或鐵製烤盤上為麵包表面作割紋處理。）

3. 將烤箱溫度降至 450℉，繼續烘焙 20 分鐘。

4. 打開荷蘭鍋蓋，你會看到麵團是否在烘焙中美好地膨脹，在無蓋的狀況下持續烘焙 20 至 23 分鐘，直到麵包表面產生焦糖化及呈現褐色。（假如使用的是吐司烤模、烘焙石板或鐵製烤盤，提早幾分鐘確認麵包的成熟度。）

5. 傾斜荷蘭鍋、倒出烘焙過的麵包，放在烘焙冷卻架上降溫。（或者從披薩石或鐵製烤盤移至烘焙冷卻架。）讓麵包冷卻，抵抗想立即掰開它來食用的誘惑——從烤箱取出的麵包目前仍持續烘焙著。

6. 將第二份麵團從冰箱取出。以 500℉ 的烤箱重新預熱荷蘭鍋 15 分鐘，然後重複以上的烘焙步驟。

若想要存放麵包，可將它們存放在布袋裡。若想冷凍麵包，可採用不塑冷凍法，將麵包整個放入布袋裡冷凍，最多可冷凍 2 週。

全麥酸種──酪乳格子鬆餅
Whole Wheat Sourdough Buttermilk Waffles

倘若家人放棄不了裝在黃盒裡的市售冷凍格子鬆餅，不如製作這道食品──你會不禁感嘆，如果說服他人照你的意思去做可以那麼容易的話，不知該有多好！如同大部分的零廢棄烹調，製作這些格子鬆餅需要提前一點規劃，但不需太多。製作鬆餅的前一晚，你需要先做出「預先發酵麵種」（sponge）。這樣的「延遲享樂」（delayed gratification）並非提高難度，而是在享用從未嚐過的美味鬆餅之前，提早領先一步。

製作鬆餅的前一晚，先做出預先發酵麵種：在一個不起化學作用的中型碗裡，混合起種、酪乳和麵粉。用盤子蓋上，於室溫下靜置一晚。隔天早上，你會看到預先發酵麵種產生大量的氣泡。

麵糊作法：取一個小碗，攪打雞蛋、融化的奶油和香草，拌進發酵麵種，加入鹽及小蘇打。等待幾分鐘讓麵糊膨脹。

預熱格子鬆餅烤盤，根據使用手冊的說明來製做格子鬆餅。每個鬆餅可用約 ½ 杯的麵糊。

小提醒

假設手邊沒有酪乳和優格，可以在 500ml 量杯中加入 2 湯匙的檸檬汁或醋，然後注滿牛奶，輕輕攪拌。將混合物靜置一旁幾分鐘，直到牛奶凝結。

---

10 個 6 英吋格子鬆餅

預先發酵麵種 (sponge)：

1 杯丟棄的酸麵種（見 117 頁），攪拌過

2 杯「香醇發酵酪乳」（Luscious Cultured Buttermilk）（127 頁），或者 1½ 杯「優格繁衍優格」（Yogurt Begets Yogurt）（128 頁）加上 ½ 杯全脂牛奶

2 杯全麥麵粉 (whole wheat flour)，或者混合全麥麵粉和斯佩耳特小麥粉 (a blend of whole wheat and spelt flours)

麵糊：

2 顆大雞蛋

¼ 杯 (½ 條) 無鹽奶油 (unsalted butter)，或椰子油 (coconut oil)，已融化過

1 茶匙波旁街香草精 (Bourbon Street Vanilla Extract)（123 頁）或市售香草精

1 茶匙鹽

1 茶匙小蘇打

下一道食譜……

這些格子鬆餅能以冷凍的
方式妥善保存,將它們裝
入布袋冷凍不超過一週。
解凍後的格子鬆餅可與堅
果醬(nut Butter)(145
頁)或剩餘的義大利煎蛋
(frittata)(234 頁)一
起做成三明治。

甜或鹹味酸種薄煎餅
Sweet or Savory Sourdough Pancakes

持續進行著烘焙酸麵種的探險時，這應該會成為你幾乎翻到快爛掉的一頁。

繼續餵養起種的同時，你的冰箱也會快速累積許多罐未飼養的酸麵種。你當然不會想扔掉它們，因為你正在瀏覽一本關於零廢棄生活的書籍。但看著這些多餘的、未飼養的起種正逐漸侵佔原本用來貯存食物的罐子，你該拿它們怎麼辦呢？

雖然它的活性不足以烘焙麵包，但未飼養的丟棄麵團恰好適用於這本書裡的許多食譜。薄煎餅就是其中一例，它幾乎可說是自然形成，且一下子就清除許多未飼養的酸麵種。加上甜或鹹味的配料，它嚐起來如同可麗餅一樣美味。而且它還有一個額外的好處：將雞蛋取代為無去皮杏仁粉（almond meal），你就可以輕易地做出全素口味。

在一個中碗裡，混合起種以及麵粉（如果有使用的話），加入雞蛋一起攪打。

在大型煎鍋裡，以中火融化奶油，旋轉鍋子使其均勻平鋪鍋底。將大部分的奶油倒入麵糊，拌入鹽及小蘇打。等待幾分鐘直到麵糊微微膨脹。

要做出一個薄煎餅，將 ½ 杯麵糊倒入煎鍋，煎約 3 至 4 分鐘直到邊緣產生氣泡，將薄煎餅翻面續煎 1 至 2 分鐘直至金黃色。放到盤子上並

4 個 6 吋的薄煎餅

1 杯丟棄的酸麵種（見 117 頁），攪拌過

2 大湯匙的任何麵粉（用來製做較為蓬鬆的薄煎餅，但並非必要；見「小提醒」），或用無去皮杏仁粉（almond meal）做出全素薄煎餅

2 顆大雞蛋（若全素口味則省略）

2 湯匙無鹽奶油（unsalted butter）或椰子油（coconut oil）

¼ 茶匙鹽

¼ 茶匙小蘇打

保持其溫度，持續煎其他的薄煎餅。假如煎鍋看起來太乾，視需要加入更多奶油。

　　想要的話可在薄煎餅上加上配料。

下一道食譜……

以兩條戰線避免食物浪費！用超過最佳食用期的莓果做出的「快速莓果醬」（quick berry sauce）（171 頁），搭配這些丟棄起種做出的薄煎餅。

小提醒

● 要做出蓬鬆的薄煎餅，可用製作堅果奶（nut milk）（125 頁）剩餘的堅果泥來取代麵粉，濕潤或乾燥的堅果泥皆可。

● 檸檬皮屑是另外一個可雜湊添加的食材，在鹽巴或小蘇打之前加入它。

薄煎餅、鬆餅的速成莓果醬
Quick Any-Berry Pancake and Waffle Sauce

有時候你發現食用鮮甜莓果的速度趕不上它腐壞的速度，但份量又不足以塞滿罐子、做成果醬，那麼不如來做速成莓果醬。將莓果醬放在冰箱幾週——若能忍這麼久不吃完的話——以及用它來搭配酸種格子鬆餅（sourdough waffles）（167 頁），或酸種薄煎餅（sourdough pancakes）（169 頁）。

這道食譜使用的是草莓，但你可用其他水果取代，例如覆盆子（raspberries）、藍莓（blueberries）、水蜜桃（peaches），甚至蘋果。想要的話，添加少量的酒可助於保存醬料以及提升鮮美度。莓果可用柑曼怡（Grand Marnier）搭配，水蜜桃用波旁威士忌（bourbon），蘋果則用白蘭地（brandy）。烹煮水果的過程中，大部分的酒精都會被蒸發。

取一個中型平底鍋，將草莓、糖、檸檬皮屑及汁液、酒（如果有使用的話）一起混合。以大火煮沸後，轉成中火燉煮 10 分鐘，同時用馬鈴薯搗碎器或叉子搗碎水果。烹煮直到糖完全溶解，水果變得軟化、濃稠。

裝入乾淨的罐子，放進冰箱貯存不超過兩週。

1 杯莓果醬

1 英磅的新鮮草莓，去蒂，切成一半（若大一點則切成四塊）

¼ 杯糖

檸檬皮屑和榨出 ½ 顆檸檬的汁液

少量的柑曼怡（Grand Marnier）、波旁威士忌（bourbon）或白蘭地（brandy）（非必要）

下一道食譜……

喜愛水果優格但不想要塑料盒？自製一份吧！將一湯匙的莓果醬放入小罐子——小型的優格玻璃罐正好是完美的尺寸！——再加入優格（128 頁）。

酸種焦糖果仁麵包卷 Sourdough Sticky Buns

　　每次從烤箱取出一盤香甜、蓬鬆、黏膩的小圓麵包，我總是深深感恩麵粉和水的神奇作用。這些麵團不含任何烘焙酵母（baker's yeast），只用了酸麵種（水與麵粉的混合物）作為麵包膨鬆劑（leavening agent），它就能膨脹成蓬鬆柔軟的麵包卷。我希望這道非凡傑作永遠不會令我失望。

　　選擇一個特別的時刻，例如週末，來製做這些麵包卷。蜷在最喜愛的椅子裡，手捧一本好書、一杯溫熱的茶，配上一個麵包卷，也許腿上還縮著一隻發出呼嚕呼嚕聲的貓。記得感謝你的另一個寵物——酸麵種——的貢獻。

---------------------- 第一日 ◇ 8 p.m. ----------------------

　　烘焙焦糖果仁麵包卷的前一晚，開始製做發酵麵種。在一個罐子或不起化學作用的碗裡，混合麵粉、水和起種，混合均勻後以罐蓋或盤子蓋上，在室溫下靜置一晚。

---------------------- 第二日 ◇ 6 a.m. ----------------------

1. 攪拌發酵麵種，以去除氣泡。
2. 麵團作法：取一個小型鍋具，以中火溫熱牛奶，直到鍋沿產生氣泡即從爐灶移開。加入奶油和糖，攪拌以加速奶油融化和拌勻材料。令其冷卻至 80°F（存有餘溫但非過熱）。

12 個焦糖果仁麵包卷

發酵麵種 (leaven)：

6 湯匙 (56g) 中筋麵粉 (all-purpose flour)

6 湯匙 (56g) 全麥或斯佩耳特小麥粉 (whole wheat or spelt flour)

少量 ½ 杯 (112ml) 溫水，約 80°F

2 大湯匙 (40g) 活躍酸麵種 (active sourdough starter) (117 頁)

麵團：

¾ 杯 (175ml) 全脂牛奶

4 湯匙 (½ 條或 57g) 無鹽奶油 (unsalted butter)

¼ 杯 (50g) 白砂糖 (granulated sugar)

3 杯 (390g) 中筋麵粉 (all-purpose flour)

⅔ 杯 (90g) 全麥麵粉 (whole wheat flour)

1¾ 茶匙 (11g) 鹽

2 顆大雞蛋，輕輕攪打過

3. 在一個不起化學作用的大碗裡，攪打麵粉和鹽，拌入牛奶混合物、雞蛋和發酵麵種。用手將所有材料混合均勻，成為一個具有黏性、逐漸成團的粗糙麵團。將麵團倒到鋪滿麵粉的工作檯上，搓揉 2 至 3 分鐘直到成為表面平滑的球狀。將麵團放回碗裡，蓋上薄布。注意一下時間，此時標誌了基礎發酵的開始，大約會長達 4 小時。

4. 45 分鐘之後，將麵團做第一次的拉折（stretches and folds）。以濕潤的手伸進麵團底部拉開麵團，折回中心，將碗旋轉 ¼ 圈，重複伸展拉折的步驟。將上述動作重複兩次，總共需要 4 次。（請參考 161 頁「伸展酸種麵團」的圖片，焦糖麵包卷的麵團較為緊實，但操作手法大致與酸種麵包相同。）

5. 於 4 小時的基礎發酵期間，每小時做 4 次拉折。假設最後一次的拉折時，麵團變得太過緊實，則在基礎發酵剩餘的時間裡，讓它靜置一旁。基礎發酵結束時，麵團將變得比原本還平滑而具有彈性。

──────────────── 第二日 ◇ 10:30 a.m. ────────────────

1. 糖霜作法：在小碗裡，將奶油和紅糖攪拌成糊狀，將其均勻平鋪於大型鑄鐵鍋（cast-iron skillet）或 9×13 英吋的烤盤（baking pan）上，撒上對半核桃。

2. 內餡作法：在小碗裡，混合奶油、紅糖和肉桂粉，攪伴成糊狀。

3. 在工作檯上鋪一層薄麵粉，將麵團倒在上面， 製成一個 12×18 英吋的長方形。將餡料均勻塗抹在麵團上，從長方形的長邊捲起麵團成圓柱狀。當捲麵團時，將兩邊的末端稍微朝裡推，以做出

糖霜：

¼ 杯（½ 條或 57g）無鹽奶油 (unsalted butter)，軟化過

½ 杯（99g）緊實塞滿的紅糖 (packed brown sugar)

¾ 杯（90g）對半美洲山核桃 (pecan halves)

餡料：

¼ 杯（½ 條或 57g）無鹽奶油 (unsalted butter)，軟化過

½ 杯（99g）緊實塞滿的紅糖 (packed brown sugar)

1 茶匙肉桂粉 (ground cinnamon)

一個均勻的圓柱，並且末端不能參差不齊。用鋸齒麵包刀切成 12
等份。

4. 在鋪了糖霜的烤盤裡，平均間隔放上小麵團。隨著麵團發起、膨脹，它們之間的空隙將被佔滿。蓋上之前用的薄布。讓它們在室溫下發酵 3 至 4 小時，直到膨脹、麵團相互碰到彼此。或者將它們移到冰箱裡，做出冷藏發酵麵團（cold proof），隔天早上再烘焙（見「小提醒」）。

-------------------- 第二日下午或第三日早晨 --------------------

預熱烤箱至 375ºF，烘焙焦糖麵團卷 20 至 25 分鐘直至金黃色。將烤盤倒扣在一木板上，待 1 分鐘之後再移除烤盤，趁溫熱時享用。

小提醒

• 假設隔天早上再進行烘焙，在烤箱預熱前，先從冰箱取出麵團卷。

• 當發酵麵種膨脹到兩倍大，並散發酵母味、水果味、也可能有些微酸味，即可開始製做麵包卷。這個時間點大約發生在飼養的 6 小時至 12 小時之間。可根據需求調整時程。

下一道食譜……

你不會剩下任何能用於其他食譜的麵包屑。但假如還沒餵養起種的話，請記得固定餵養以保持它的活躍性，方能持續做出焦糖果仁麵包卷。

櫛瓜速發酸種麵包
Sourdough Zucchini Quick Bread

未飼養的丟棄酸麵種（unfed sourdough discard）對烘焙者而言，就如同櫛瓜之於園丁。不論是從培養一小罐起種，或是種植一小棵櫛瓜幼苗開始，假設無法將這些快速繁殖的食材加以烹調，它們會難以控制地增長，導致泛濫成災。

倘若你飼養酸麵種（sourdough starter），同時又種植櫛瓜，那麼這個速發麵包（quick bread）不啻為你的最佳選擇——或者任何一位喜愛從烤箱出爐，熱騰騰的、不會太甜的自製麵包。

將烤箱預熱至 350ºF，以少量的橄欖油塗滿一個 9×5 英吋的麵包烤盤。

若使用堅果，在烤箱烘烤 5 至 10 分鐘，直至散發香氣但不至於暗沈。

取一個小碗，混合麵粉、鹽、肉桂、小蘇打和泡打粉。

在一個大碗裡，將雞蛋攪打均勻。加入糖，混合調勻，然後拌入櫛瓜、起種、橄欖油和香草。

將乾性材料及堅果（若有使用的話）加入櫛瓜混合物，攪拌直至混合均勻。

將麵糊刮入烤盤裡，烘焙 50 至 60 分鐘，直到叉子插入中央再取出時，麵團不會沾黏在上面。

讓麵包在烤盤上冷卻 10 分鐘，然後倒扣置於架上至完全冷卻。

1 條櫛瓜速發麵包 Zucchini Quick Bread

½ 杯 (65g) 剁碎的核桃 (chopped walnuts)（非必要）

1 杯 (130g) 中筋麵粉 (all-purpose flour)

½ 杯 (67g) 全麥麵粉 (whole wheat flour)

½ 茶匙鹽

1½ 茶匙肉桂粉 (ground cinnamon)

½ 茶匙小蘇打

¼ 茶匙泡打粉 (baking powder)

1 顆大雞蛋

¾ 杯 (150g) 糖

1 杯 (140g) 刨絲的櫛瓜 (zucchini)（一條櫛瓜的量）

½ 杯 (140g) 丟棄酸麵種 (sourdough starter discard) (117 頁)，攪拌過（見小提醒）

小提醒

• 你也可以用活躍的起種（active starter）來製做這個速發麵包。使用前先攪拌，以去除氣泡。

• 這道食譜用胡蘿蔔絲、南瓜泥（301 頁）或過熟的香蕉也很適合。假設使用香蕉，因為它本身已相當甜，將糖的份量減少至 ½ 杯（50g）。

• 沒有泡打粉了？假如手邊有小蘇打和塔塔粉（cream of tartar），以二比一的份量混合塔塔粉和小蘇打，過篩混合物，然後立即使用自製泡打粉。

1/3 杯（75ml）橄欖油，加上多一些用於塗抹烤盤

1 茶匙（5ml）波旁街香草精 （Bourbon Street Vanilla Extract）(123 頁) 或市售香草精

下一道食譜......

假如有剩餘的櫛瓜絲，可用於 195 頁的蔬菜薄煎餅。

隨意而成的格蘭諾拉麥片
Anything Goes Granola

你可以根據手邊的食材隨意調整這道食譜。想加一點甜味，在濕性材料裡拌入一大湯匙的堅果醬（nut butter）。其他可嘗試的食材包括：亞麻籽（flax seeds）、大麻籽（hemp seeds）、胡桃碎粒、杏仁角、堅果奶剩餘的堅果泥（125 頁）、蘋果或杏桃乾、一點柑橘皮屑（烘焙格蘭諾拉麥片之後拌入）、幾湯匙的可可，或者一些新鮮研磨的肉荳蔻粉（freshly ground nutmeg）。假設為了製做酸種全麥餅乾（sourdough graham cracker）（273 頁）而買了小麥胚芽（wheat germ），也可丟入幾匙下去。將此處的份量、比例作為導引，隨性加入食品儲藏櫃可找到的各種材料（在合理範圍內！）。

在轉變成零廢棄生活模式期間，從市售麥片改成自製的格蘭諾拉麥片可說是一種「無痛」轉換，唯一的麻煩是你做得太少、來不及立刻吃完——所以最好做出兩份！

將烤箱預熱至 275℉。

取一個大碗，混合麥片、堅果、種子、椰子片、堅果泥（假如有使用的話）、鹽和肉桂。

在小碗裡則混合油、糖漿和蛋白（假如有使用的話）直至混合均勻。

將濕性材料倒入乾性材料裡，攪拌直至完全混合均勻——你的雙手會是最佳的工具。

6 杯格蘭諾拉麥片 (granola)

3 杯傳統燕麥片 (old-fashioned rolled oats)

1 杯原粒生杏仁、胡桃、核桃、開心果或榛果，或混合堅果

½ 杯生南瓜子

½ 杯生葵花籽

½ 杯椰子片 (flaked coconut)

½ 杯堅果泥 (非必要；見 125 頁)

½ 茶匙鹽

½ 茶匙肉桂粉

¼ 杯椰子油或無鹽奶油 (unsalted butter)，已融化過；或者橄欖油

½ 杯楓糖漿、蜂蜜、糙米糖漿 (brown rice syrup)、大麥麥芽糖漿 (barley malt syrup)

1 個大蛋白，輕微攪打過 (非必要)

1 杯葡萄乾或其他水果乾

將混合物均勻平鋪在未抹油的有邊烤盤（rimmed baking sheet）上。假如想要塊狀口感的格蘭諾拉麥片，輕輕下壓，並在烘焙時不要攪拌。烘焙 30 至 40 分鐘直至金黃色。假設想要少一點麥片塊，約每 15 分鐘攪拌一次。

讓麥片在烤盤上冷卻，想要的話可將麥片塊分散。拌入葡萄乾或其他水果乾。

裝入玻璃罐貯存，它可保存至少兩週。

下一道食譜……

酥脆的頂層配料：烘焙櫛瓜速發酸種麵包（sourdough zucchini quick bread）（176 頁）──或者任何速發麵包、瑪芬小蛋糕（muffin）──之前，在麵糊上撒少量幾匙的格蘭諾拉麥片。

墨西哥鄉村煎蛋 (莎莎水波蛋)
Huevos Rancheros　(Salsa-Poached Eggs)

一個夏天的日子我正埋首於這本烹飪書中，我的姊妹問我是否有任何食譜可用上雞蛋或番茄？那時候番茄佔據了她的花園，一部分要感謝她那六隻四處溜躂的母雞。牠們快樂地過活，在泥土裡啄食，吃掉蟲子及害蟲，大幅削減堆肥物，同時為泥土施肥、補充養分。每一天，這些女孩都為築巢箱盛滿具有豐富橘色蛋黃的新鮮雞蛋——如同放牧母雞吃完大自然賜予的食物後所產出的雞蛋。我問蜜雪兒要不要一個雞蛋和番茄的食譜？

通常在早餐食用，這道辛辣的莎莎水波蛋也可當作一道美味的午餐或晚餐。將它與墨西哥豆泥（refried beans）（204 頁）或酸種墨西哥薄餅（sourdough tortillas）（121 頁）一起食用就成為一個令人心滿意足的餐點。

在大型煎鍋裡以中火將橄欖油加熱，加入墨西哥青辣椒及洋蔥翻炒約 5 分鐘，直到焦糖色。倒入食物處理機或攪拌機裡。

將番茄和大蒜加入煎鍋，烹煮約 5 分鐘，直到番茄軟化、大蒜呈淺褐色，倒入食物處理機或攪拌機，將混合物攪拌直至成塊狀。（想要的話，也可提前一兩天先做好莎莎醬，放進冰箱貯存備用。）

轉成中小火，將莎莎醬倒入大型煎鍋，加入番茄糊、鹽、孜然、萊姆汁和芫荽一起攪拌，使之均勻地平鋪鍋底。

3 份墨西哥鄉村煎蛋

1 湯匙的橄欖油

2 條墨西哥青辣椒（jalapeño peppers），切半

1 個小型白洋蔥，切成楔形

1½ 磅的成熟番茄，剁碎成大約 3 杯

2 個蒜瓣，剝皮過

1 湯匙「絕對值得的蕃茄糊」（Worth-It-Tomato Paste）（136 頁）或市售番茄糊

1 茶匙鹽

½ 茶匙孜然粉 (ground cumin)

1 湯匙新鮮萊姆汁

¼ 杯新鮮的芫荽，細細切碎

6 顆大雞蛋

「香嫩酸種墨西哥薄餅」（Tender and Tangy Sourdough Tortillas）(121 頁)，加熱過以便於食用

輕輕地將蛋打到番茄混合物上方，每顆蛋之間保持平均的間隔。蓋上煎鍋，烹煮 7 至 10 分鐘直到雞蛋稍微凝結。

與墨西哥薄餅一起，立即開動！

下一道食譜......

你的手邊可能剩餘一些芫荽，可做出一小份芫荽印度酸甜醬（cilantro chutney）（209 頁），搭配鹹味菜餚一起食用。

發起來吧！麵包與早餐

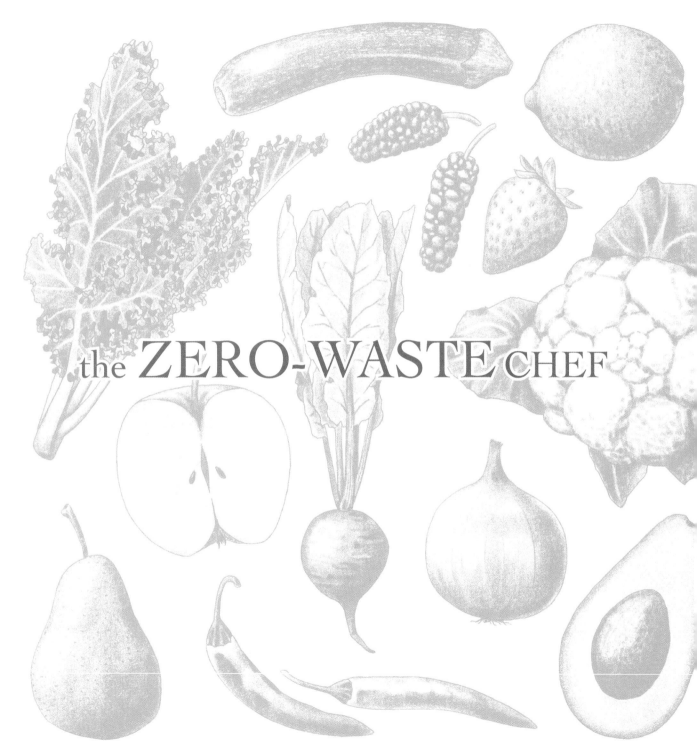

the ZERO-WASTE CHEF

第九章

不能錯過的小菜

喔捲心菜兒！蘋果生薑酸菜 Mon Petit Chou Apple-Ginger Sauerkraut, 187 頁

黎巴嫩塔布勒沙拉 Lebanese Tabbouleh, 191 頁

拌炒瑞士甜菜 Sautéed Swiss Chard, 193 頁

蔬菜雜燴薄煎餅 Eat-All-Your-Vegetables Pancakes, 195 頁

蒜味迪利豆 Garlicky Dilly Beans, 197 頁

燜烤香草蔬菜饗宴 Hearty and Herby Roasted Vegetables, 200 頁

濃郁番茄莎莎醬 Tangy Tomato Salsa, 203 頁

餐廳式墨西哥豆泥 Restaurant-Style Refried Beans, 204 頁

客製化熱炒佐花生醬 Customizable Stir-Fry with Peanut Sauce, 205 頁

印度可麗餅與提前製做多薩米糊 Make-Ahead Dosa Batter and Indian Crepes, 207 頁

餡餃與芫荽印度酸甜醬的相遇 Empamosas with Cilantro Chutney, 209 頁

辣勁十足泡菜 Simple Spicy Kimchi, 213 頁

喔捲心菜兒!蘋果生薑酸菜
Mon Petit Chou Apple–Ginger Sauerkraut

高麗菜看似缺乏性魅力。比起這種樸實的蔬菜,農夫市集裡甜美的酪梨、高挑的蘆筍嫩莖,或熱情的辣椒更讓人怦然心動,因為高麗菜平凡到總是存在於平常的農夫市集裡。吸引我們的是那些「吊人胃口」的蔬菜,它引發我們的期待感,迫使我們等待6個月、8個月或更久才出現,在攤位召喚我們前去享受它稍縱即逝的風味,然後又再次拋棄我們、消聲匿跡。我們將可靠、常年的高麗菜視為理所當然,卻將那些誘人的蔬菜奉為完人——奉上切菜板。如果將高麗菜喻為妻子,那麼哈瓦那辣椒(habaneros)無疑就是情婦了。

一旦切碎高麗菜、醃漬它們、填塞進罐子裡,短短幾天它就會從蕓薹屬家族的低調成員,轉身變為濃郁、充滿氣泡、充滿誘惑力的德式酸菜(sauerkraut)——具有永遠無法饜足的美味。加入蘋果碎丁、生薑絲,你將開啟一個與德式酸菜永無止盡的蜜月期。

切高麗菜之前,剝去外層一片大的葉片,放在一旁。將高麗菜切成四等份,並切除菜心,再將高麗菜切成細絲。

將高麗菜、蘋果、生薑放入大碗,撒上鹽。

抓起滿滿一把混合物,一邊用手將材料充分混合、一邊擠壓它們。壓扁高麗菜及蘋果能破壞細胞壁,使水分釋放出來。繼續用雙手擠壓、壓碎高麗菜混合物數分鐘,直到它變得濕潤、高麗菜更加塌軟。過程中

6 杯酸菜

1 顆中型紫高麗菜(red cabbage)或綠高麗菜(green cabbage)(約 2 ½ 磅)

2 顆中型蘋果,約略切丁

1 大湯匙的生薑,切成約 1 英吋的細絲

1 湯匙的鹽,或更多以調味

1 茶匙的黃芥末籽(yellow mustard seeds)

不時品嚐。若鹹味不足，加一點鹽。若太鹹，則加入更多新鮮蔬菜。（假使沒有足夠的高麗菜和蘋果，也可加入紅蘿蔔絲。）

將一個小碟子直接壓在蔬菜上方，碟上再加一個重物（如一罐水），此時液體會逐漸累積在碗底。靜置蔬菜 1 小時，用毛巾覆蓋以防止污染物進入。

移除重物與小碟，此時碗底應已累積一灘水。加入黃芥末籽一起混合。

將蔬菜填塞進乾淨的罐子，罐子不用事先消毒。選擇一個罐子足以容納 6 至 8 杯的份量，或者兩個小罐子各別能裝 3 到 4 杯（關於罐子的選項，請見 51 頁）。

裝滿罐子時，用拳頭壓緊濕潤的蔬菜，以助於擠出氣泡，讓蔬菜得以完全浸泡於水裡。填塞完成後，將碗裡剩餘的液體倒進罐子裡。

在罐子頂部保留至少 2 英吋的空間。為助於高麗菜混合物浸泡在水裡，將預留的高麗菜葉折起、塞入罐裡。（假如使用兩個罐子，將高麗菜葉切成兩半，個別放入兩個罐中。）高麗菜葉的上方，可再加上一個小型玻璃重物，例如優格罐。當蓋上罐子，小罐子就會往下擠壓，讓液體得以完全淹沒高麗菜混合物。如果小罐子使你無法輕易蓋上罐子，移除一些蔬菜以釋放出空間。倘若靜置的高麗菜混合物沒有釋放足夠的液體能完全覆蓋蔬菜，倒入一點水。

發酵進入旺盛期時，氣泡會從罐裡湧出，將罐子放在盤上以盛接溢出罐子的水滴。將罐子靜置於室溫下至少 3 天。發酵旺盛期的頭幾天，二氧化碳會在罐裡累積，這段期間每天打開罐子以釋放罐裡的壓力。做好的德式酸菜可在冰箱貯存至少一年。

小提醒

倘若想製作單純的德式酸菜，可僅用高麗菜及鹽。將鹽的份量減至 2 茶匙，然後依照食譜來料理。

不能錯過的小菜

Plant-Forward Recipes and Tips for a Sustainable Kitchen and Planet

大約第三天時，品嚐一下酸菜。假使喜歡它的味道，將罐子移進冰箱以減緩發酵。假設喜歡較為濃烈的酸味，可延長罐子擺放於室溫的時間，如長達兩週、一個月甚至更久。每週嚐一下味道，直到它達到你喜愛的風味。當你對它的風味滿意時，德式酸菜就完成了！將它放進冰箱，德式酸菜可在冰箱貯存至少一年。

下一道食譜……

即使最簡單的菜餚，德式酸菜也能讓它變得鮮活美味。加入馬鈴薯沙拉或生菜沙拉來增添濃郁風味及清脆口感，夾進三明治或捲餅裡，或者作為搭配正餐的一道健康佐料。

黎巴嫩塔布勒沙拉 Lebanese Tabbouleh

除非自己種植巴西里，當你僅僅需要幾枝這種充滿維他命、深綠色葉子的香草時，卻得在農夫市集或商店裡購買一整把。過去這可能讓你卻步、略過購買巴西里，但現在你有了這一道以巴西里為基底、難以置信的鮮美沙拉——塔布勒沙拉（tabbouleh）。它會需要一大把巴西里，連同薄荷、黃瓜、番茄、青蔥、大蒜、新鮮檸檬汁與橄欖油，再加入一點布格麥為它添點嚼勁。

取一個小型耐熱碗，將布格麥與滾水混合，靜置 1 小時使布格麥得以吸取水分。

在一大碗裡，混合巴西里、薄荷、黃瓜、番茄、青蔥、大蒜、橄欖油、檸檬汁、鹽與黑胡椒，嚐一下味道。

將布格麥瀝水後，拌入沙拉，加入多一點鹽、檸檬汁或橄欖油試味。

放置於檯面上或放入冰箱 2 至 3 小時，使不同味道得以相互融合。

下一道食譜......

巴西里的粗根比它扁平的葉子味道濃烈許多，但與其做為堆肥，它仍有多種用途：可拿它來泡茶。或將幾根丟入你儲藏的蔬菜殘渣中以作為濃湯——但僅需一小撮，任何過多的香草會覆蓋整個高湯的味道。或者將一些切碎，加入黑眼豆蘑菇漢堡（black-eyed pea and mushroom burgers）（225 頁）、茴香葉蘿勒青醬（fennel-frond pesto）（236 頁）或熱炒菜餚（205 頁）。

4 份沙拉

½ 杯布格麥（碾碎乾小麥）(bulgur or cracked wheat)

½ 杯滾水

1 大把新鮮平葉巴西里（flat-leaf parsley），葉子切碎成約 2 大杯

1 小把新鮮薄荷，葉子切碎成約 ¼ 大杯

1 個中型黃瓜，切碎成約 1 杯

1 個中型成熟番茄，切碎成約 1 杯

½ 杯青蔥，白色與綠色部分一起剁碎

1 個蒜瓣，剁碎

2 湯匙橄欖油，或視需要加入更多

2 湯匙新鮮檸檬汁（大約 1 個檸檬），或視需要加入更多

1 茶匙鹽，或視需要加入更多

新鮮研磨黑胡椒粉

拌炒瑞士甜菜 Sautéed Swiss Chard

眾所皆知，一道好食譜應將一把具有豐富營養的瑞士甜菜（chard）納入其中。

我可以保證，在大量的多種蔬果當中，甜菜的購買與烹煮比例相當高。通常我們懷抱著想攝取維他命 A 和 K 的良好動機買下綠色蔬菜，但這些脆弱的蔬菜往往在冰箱裡層逐漸枯乾直到成為堆肥。這道食譜卻美味到讓你只想買更多、而非更少甜菜。也可以用甜菜葉（beet greens）或羽衣甘藍（collards）來做這道食譜。

取一個大型炒鍋，以中火熱橄欖油。加入大蒜拌炒 1 分鐘直至金黃色，但非褐色。

加入甜菜與高湯，轉成大火將甜菜在湯汁中拌炒均勻。蓋上煎鍋，繼續烹煮約 5 分鐘。

打開鍋蓋，持續拌炒甜菜 2 或 3 分鐘，直到汁液徹底蒸發。

加入醋、紅甜椒碎丁、鹽和黑胡椒後試味。然後趁熱享用！

4 份瑞士甜菜

2 湯匙橄欖油

3 個蒜瓣，切成薄片

1 大把甜菜（約 1 磅），將菜葉撕成大片，根部切碎

½ 杯未加鹽的「零廚餘零花費的蔬菜清湯」（Save-Scraps-Save-Cash Vegetable Broth）（151 頁）

2 湯匙紅酒醋 (red wine vinegar)

¼ 到 ½ 茶匙紅甜椒碎丁

鹽與新鮮研磨黑胡椒粉

下一道食譜......

這道拌炒甜菜可作為鹹味法式薄餅 (galette)（239 頁）的絕佳餡料，或者將甜菜填入「印度可麗餅式的多薩餅」（dosa-inspired Indian crepes）（207 頁）裡食用。

蔬菜雜燴薄煎餅
Eat–All–Your–Vegetables Pancakes

我們總是告訴孩子：「吃完你碗裡的蔬菜。」其實大人們也需要這樣提醒自己，而這道鹹味薄煎餅將讓人們欣然接納這些提議。它滿足了所有食用者，同時助於清理冰箱裡的一些食材：半條櫛瓜、一條單獨的紅蘿蔔、一小撮切碎的新鮮香草。料理沙拉後剩餘一些羽衣甘藍莖嗎？細細剁碎後加入一把——沒人會發現的。記得一定要把馬鈴薯放進食譜裡，有了馬鈴薯、油脂和鹽，基本就能搞定了。

假如使用櫛瓜或馬鈴薯，先將它們放在一塊薄的廚房擦巾中央，捲起擦巾後，擠出汁液。將這些汁液冷藏或冷凍，作為高湯使用。

將蔬菜放入大碗裡，以叉子將其分開、弄鬆。拌入麵包屑、雞蛋、鹽和黑胡椒後試味，並混合均勻。

取一個大型煎鍋，以中火熱鍋，加入足夠的油塗抹鍋底。

製作一個薄煎餅：將 ¼ 杯的麵糊倒入熱鍋裡，以鍋鏟將其壓扁至 ¼ 英吋的厚度。煎約 5 分鐘直到底面呈褐色，翻面續煎約 3 至 5 分鐘，直至另一面亦成褐色。

持續煎其他薄煎餅，視需要補充鍋內的油。將薄煎餅放在烤箱中保持溫熱，或者煎好後立即享用。

想要的話，亦可搭配酸奶油（sour cream）（132 頁），蛋白蒜泥美乃滋（egg white aioli）（142 頁）或芫荽印度酸甜醬（cilantro chutney）（209 頁）一起食用。

12 個 3 吋薄煎餅

4 杯刨絲過的蔬菜，例如褐皮馬鈴薯（russet potatoes）、紅蘿蔔、櫛瓜（zucchini）、蕃薯、防風草根（parsnips）或高麗菜

¼ 杯麵包屑或麵粉（中筋、全麥或裸麥（all-purpose, whole wheat, or rye））

2 顆大雞蛋

1 湯匙粗鹽（coarse salt）

新鮮研磨黑胡椒粉

橄欖油，炒鍋用

下一道食譜……

假如製作泡菜（213 頁），瀝過泡菜後細細剁碎，做成辣味泡菜口味的薄煎餅。泡菜本身已相當鹹，記得省略鹽巴，或視需要加鹽後試味。

蒜味迪利豆 Garlicky Dilly Beans

　　第一次醃漬四季豆時，我覺得自己像是巫師一般。基本就是將一些大蒜、新鮮蒔蘿草放入乾淨的罐子裡，上頭塞入新鮮四季豆，然後倒入鹽水。蓋上罐子後，靜置於廚房檯面上。在等待期間，罐裡的內容物很快就會產生氣泡、活躍起來，液體從清澈變為混濁——這兩個跡象都顯示了發酵正成功地進行著。大約一週之後，當你品嚐四季豆，它們已經轉變為濃郁、口感清脆的開胃菜，且充滿好菌。這時你會開始驚奇地想：可能自己還擁有其他神奇的力量呢！

　　在一個大量杯裡混合水與鹽，放置一旁待鹽溶解，同時一邊料理豆角。

　　將豆角莖部折斷，或者將豆角排放在砧板上切除莖部，不必費心修除尾部。

　　將大蒜、蒔蘿草、胡椒粒和紅甜椒碎丁放入一個 6 至 8 杯容量的罐子裡，或者兩個 1 夸脫的罐裡（關於罐子的選項，請見 51 頁）。

　　將豆角整齊並列，塞入罐裡，從上方倒入鹽水。假如豆角浮起，便以一個重物——一個小型玻璃容器，或小型優格玻璃罐——壓在豆角上頭。蓋上罐子。

　　發酵變得活躍時，氣泡可能會從罐子湧出，將罐子放在小碟上以盛接溢出的液體。將罐子靜置於室溫下。當豆角進行發酵時，液體會變得混濁，豆角的顏色也會變深。一週之後嚐一下味道，假如口感太過清脆，可再發酵久一點。

2 夸脫迪利豆（dilly beans）

4 杯水

3 湯匙鹽

1 磅新鮮綠色、黃色或紫色豆角 (fresh green, yellow, or purple beans)

4 顆蒜瓣，搗碎

6 小枝新鮮蒔蘿草 (fresh dill)

½ 茶匙胡椒粒 (whole peppercorns)

¼ 茶匙紅甜椒碎丁

將迪利豆貯存於冰箱裡，它們可存放幾個月甚至更久。

下一道食譜……

享用迪利豆之後，儲存發酵鹽水（cultured brine）作為下列用途：

• 發酵更多蔬菜。將整個蔬菜放入鹽水罐，壓下蔬菜，蓋上罐子，然後等待。或者加一點鹽水到番茄醬（140 頁）裡，助於啟動發酵。

• 健康飲品。在我這裡的農夫市集，人們會付不少錢購買一罐發酵鹽水。每天喝一小杯能夠補充一大劑量的活菌。當你製做迪利豆時，你同時擁有了充滿益生菌的鹽水。

• 湯品調味。雖然加熱會使這些充滿益處的微生物消亡，但它能使湯品變得可口。

• 添加鮮活美味。加入鷹嘴豆泥（hummus）和蘸醬、馬鈴薯沙拉、沙拉醬等等。

燜烤香草蔬菜饗宴
Hearty and Herby Roasted Vegetables

假如手邊有烘烤好的蔬菜，你就能快速地料理出一道美味佳餚。一週內我會燜烤蔬菜數次，準備日後用於其他菜餚。例如，第一晚我可能將烘烤蔬菜當配菜食用，接下來它可能成為義式烘蛋（frittata）（234 頁）的餡料，而最後一把烘烤蔬菜則可研磨成泥，加入鷹嘴豆泥（hummus）（278 頁）之中。

廚房裡鐵製烤盤、烘焙烤盤以及烤箱烤架的數量，雖然足以影響一次能燜烤多少蔬菜，但別讓這些妨礙你展開行動！

將烤箱預熱至 400°F。

因為蔬菜燜烤時間不一致，將不同類型的蔬菜放在專屬的鐵製烤盤、大型鑄鐵鍋，或者玻璃烘焙器皿裡。

淋上橄欖油，用手均勻攪拌使得蔬菜皆能裹上一層油。將蔬菜平鋪在鐵製烤盤裡，確認彼此有些間隔。（重疊的蔬菜將變得鬆軟，而非燜烤過的口感。）撒上新鮮香草小枝或乾燥香草，加鹽後試味。將大蒜放在上頭。

將烤盤放入烤箱，約每 15 分鐘攪動或搖晃烤盤。將軟質蔬菜——如蘑菇、櫛瓜、番茄——燜烤 15 至 20 分鐘，而根莖類蔬菜——如甜菜、馬鈴薯、紅蘿蔔——則燜烤 30 至 60 分鐘。當蔬菜變得軟化且邊緣呈焦色，燜烤蔬菜就大功告成。

份量不定

任選各種蔬菜，例如馬鈴薯、蕃薯、奶油南瓜（butternut sqash）、橡子南瓜（acorn squash）、南瓜、甜菜（beets）、紅蘿蔔、防風草根（parsnips）、抱子甘藍（brussels sprouts）、蘑菇、茄子、櫛瓜（zucchini）、甜椒、番茄、洋蔥，切成一口大小備用

每杯蔬菜丁搭配 ½ 湯匙橄欖油

小枝帶葉的新鮮迷迭香或百里香（fresh rosemary or thyme）、孜然子（cumin seed），或者普羅旺斯綜合香料（herbes de Provence）

鹽

每盤蔬菜搭配 1 顆搗碎蒜瓣

下一道食譜……

多餘的燜烤蔬菜能助於提前預備、料理牧羊人派（shepherd's pie）（219 頁），或者鹹味法式薄餅（savory galette）（239 頁）。也可拿來做成湯品：將燜烤蔬菜以及水或清湯，加入攪拌機裡研磨，或者在深度鍋具裡（以免濺到牆上），放進浸入式攪拌機攪打。烹煮湯品時，從少量水分開始，漸次加水直至理想的濃稠度。

濃郁番茄莎莎醬 Tangy Tomato Salsa

這道濃郁、極度新鮮、微微起泡的莎莎醬（salsa）發酵時間很短，通常只需幾天。為了做出滑順的醬料，你可能偏好料理前先將番茄汆燙、去皮，但製作這道食譜請省略這些步驟！滾燙的水將消滅番茄皮上促成發酵的一些好菌，況且做好的莎莎醬裡不會嚐到番茄皮的存在。

這裡使用的食材可根據個人的口味作調整。手邊有多一點的甜椒？丟進去吧！忘了買甜椒，那也無妨。加入水蜜桃的莎莎醬亦非常美味。將⅓到½的番茄以同等份量的水蜜桃取代。或者你喜歡更辛辣的莎莎醬，那麼就多加一點辣椒。

將番茄放入大碗，用手擠壓捏碎成糊狀，這只需要幾分鐘。拌入甜椒、洋蔥、大蒜、墨西哥青辣椒、芫荽、萊姆汁和鹽之後試味。假如喜愛鹹一點，再加一點鹽。

將莎莎醬填塞進乾淨的罐子裡（關於罐子的選項，請見 51 頁），罐子頂部預留 2 英吋的空間。蓋上罐子，並放在碟子上，以盛接發酵活絡時因產生氣泡而溢出的液體。將它靜置於室溫下。

每天打開罐子排氣，以釋放罐裡累積的二氧化碳。

兩天後嚐一下味道。假如看到食材分解、浮至上層，很可能莎莎醬已發酵成應具有的濃郁風味。假如你喜愛此時的口味，將罐子放入冰箱以減緩發酵。倘若還未達到你想要的滋味，加以攪拌，讓發酵再進行久一點。12 到 24 小時後再嚐一次味道。

不要讓莎莎醬發酵超過太多天，番茄或任何加入其中的水果會很快地變成酒精。

8 杯莎莎醬

3 磅成熟番茄，除去頂部、切成約 6 杯的一口大小

1 至 2 個甜椒，除去頂部、去籽、切丁

1 個白洋蔥，切丁

6 顆蒜瓣，剁碎

1 至 2 個墨西哥青辣椒或賽拉諾辣椒 (jalapeño or serrano peppers)，剁碎

½ 杯新鮮芫荽 (fresh cilantro)，切碎

4 湯匙新鮮萊姆或檸檬汁（使用 2 顆萊姆或檸檬）

1 湯匙鹽，或更多以調味

小提醒

用食物處理機切碎番茄可加快速度，但切記不要放入洋蔥，以免洋蔥變得苦澀。

下一道食譜......

如同製作墨西哥鄉村煎蛋 (huevos rancheros) （181頁），剩餘的莎莎醬可拿來煮一、兩個水波蛋。或者將一點莎莎醬加入一鍋燉辣豆醬 (chili) （249 頁）之中。

餐廳式墨西哥豆泥
Restaurant–Style Refried Beans

我女兒瑪麗‧凱特（Mary Kat）第一次為我們烹調墨西哥豆泥（refried beans）後，敘述了她的食譜，聽完我不禁問道：「就這樣而已嗎？」我從未從餐廳或罐頭吃過墨西哥豆泥，自己也從未做過，但自那時起，我便經常料理這道食譜。

這些豆泥是食用墨西哥鄉村煎蛋（huevos rancheros）（181 頁）必備的配菜。倘若手邊有未飼養的丟棄酸麵種，不如考慮順便做出酸種墨西哥薄餅（sourdough tortillas）（121 頁）。提早幾天規劃餐點，甚至可加上特帕切發酵飲（tepache）（288 頁），烹調出一頓墨西哥風味大餐。

將豆子浸泡在水中，並加以覆蓋至少 6 小時。瀝乾及清洗豆子，根據 148 頁的說明來烹煮豆子。（豆子煮熟的時間可從幾分鐘至 8 小時，端看使用的是壓力鍋或慢燉鍋。）瀝乾煮熟的豆子，將豆子及煮過豆子的水分開貯存。（願意的話，可提前一天或更早進行這道程序。）

以中火，在大型平底鍋裡烹調煮熟的豆子，加入油、大蒜、番茄、辣椒、孜然、辣椒粉、鹽和胡椒粉後試味。將之攪拌，並用馬鈴薯搗碎器（potato masher）將豆子及番茄搗成泥狀。若想要降低濃稠度，亦可加一些之前保存起來的豆子水。

持續烹煮、攪拌、搗碎，直到豆子開始冒泡，而混合物變得濃稠，此時即可享用。剩餘的食物可在冰箱貯存至少 5 天。

---

4 份墨西哥豆泥

2 杯乾燥斑豆 (pinto beans) 或黑豆，或者 5 杯煮好的豆子

¼ 杯橄欖油、椰子油或者無鹽奶油 (unsalted butter)

2 顆蒜瓣，剁碎

1 杯成熟番茄，切丁

1 個墨西哥青辣椒或賽拉諾辣椒 (jalapeño or serrano peppers)，剁碎

2 茶匙孜然粉 (ground cumin)

½ 茶匙家常辣椒粉 (homemade chili powder)（110 頁）或市售辣椒粉

1 茶匙鹽，或者更多

新鮮研磨黑胡椒粉

下一道食譜……

倘若你與家人並未狼吞虎嚥地將墨西哥豆泥吃光，剩餘的食物可考慮做成簡易的蘸醬。將豆子混合物與少量酸奶油 (sour cream)（132 頁）、辣椒醬 (hot sauce)（103 頁）以及（或者）發酵番茄莎莎醬 (fermented tomato salsa)（203 頁）一起研磨，試味至符合個人口味即可。

客製化熱炒佐花生醬
Customizable Stir-Fry with Peanut Sauce

這道食譜能讓更多蔬菜從冰箱進入家人的肚子裡。偽裝成滑順、具有薑味及堅果口感的花生醬，作為這個菜餚裡的「誘餌」，足以吸引最強烈的蔬食反對者來到餐桌旁。可提早一至兩天製作花生醬。

　　花生醬做法：取一個中型碗，充分混合花生醬、薑、大蒜、萊姆汁、醬油、康普茶、蜂蜜、芝麻油和紅甜椒碎丁。以熱水稀釋，但一次僅加入一湯匙，直至理想的濃稠度（大約 2 湯匙應以足夠，但可隨個人喜好加入更多。）

　　熱炒作法：以中火熱炒鍋或煎鍋，加入花生烹煮、攪拌約 5 分鐘直到散發香氣。

　　以中火在炒鍋裡熱一湯匙的花生油，加入菠菜（如果有的話）熱炒 1 至 2 分鐘直到萎縮，盛到盤子裡。

　　將剩餘一湯匙的油加入煎鍋裡，倒入洋蔥、大蒜、薑和些許鹽拌炒約 5 分鐘，直到軟化。轉成中大火，加入蔬菜丁持續拌炒 3 至 5 分鐘，直至嫩脆。

　　將花生醬與菠菜（若使用的話）加入鍋裡，輕柔攪拌直到蔬菜加熱及均勻裹上醬汁。拌入烤過的花生，與米飯一起享用。

3 份

花生醬：

½ 杯口感滑順的花生醬
（145 頁）

1 片新鮮的薑（約 1 英吋），
細細剁碎或刨成細絲

1 顆大型蒜瓣，細細剁碎或
磨碎

2 湯匙新鮮萊姆汁（使用 1
顆萊姆）

2 茶匙醬油

2 湯匙帶有醋味，但仍存甜
味的康普茶（kombucha）
（252 頁），或者米酒醋
（rice wine vinegar）

1 茶匙蜂蜜、糖蜜
（molasses）或糖

1 湯匙烤芝麻油

¼ 茶匙紅甜椒碎丁

Plant-Forward Recipes and Tips for a Sustainable Kitchen and Planet

下一道食譜......

剩餘米飯可做出絕佳的炒飯。製做熱炒後若剩一些飯,可放入冰箱冷藏一至兩天直到水分稍微蒸發,然後烹調出一道泡菜炒飯(229 頁)作為午餐或晚餐食用。

熱炒:

½ 杯未烘焙的無鹽花生

2 湯匙花生油

1 杯新鮮菠菜,或者切片的青江菜 (非必要)

1 個中型洋蔥,切成薄片

4 顆蒜瓣,剁碎

1 茶匙新鮮的薑末

鹽

4 杯任選蔬菜,如花椰菜、紅蘿蔔、西芹、甜椒、蘑菇或四季豆,切丁

3 杯溫熱、煮熟的米飯

印度可麗餅與提前製做的多薩米糊
Make-Ahead Dosa Batter and Indian Crepes

很多原因讓我愛上這些風味絕佳、與酸麵團相似的印度可麗餅（Indian crepes）。這些可麗餅經由發酵，能幫助我們消化其中的印度小扁豆（dal）及米飯。它也能讓我在家人的膳食中，偷偷添加具豐富蛋白質的小扁豆（lentils）——一種對地球、對人類健康都有益的豆類食品。雖然需要提早規劃以做出米糊，一旦它發酵了，你就能放進冰箱長達一週，讓你隨時可做出多薩餅（dosas）！

傳統的多薩食譜使用的是印度黑豆（urad dal），但這道非正統的食譜可使用你手邊任何一種小扁豆。要找到散裝裸賣的印度黑豆比較困難，況且我們只需消耗掉 ½ 杯小扁豆，所以不妨彈性一些。你也可以使用各種米類，舉凡長米、短米、白米、糙米或野米（wild rice）都可。倘若手邊有切碎的辣椒、洋蔥或芫荽（cilantro），也可在烹煮前加入米糊裡，變化出不同口味。

當米糊製作完成，準備一個金屬量杯，將米糊以旋轉畫圈的方式鋪在熱鍋上。多加練習即可增進旋轉技術，這也給你一個好理由，讓你可以經常製做美味可口的印度式可麗餅。

米糊作法：取一個中型碗，浸泡米、小扁豆、葫蘆巴籽（假如有使用的話）和水，並加以覆蓋。在室溫下靜置一晚，或至少 6 小時。瀝乾及清洗。

12 個 7 英吋多薩餅（dosas）

米糊：

2 杯糙米

1 杯印度黑豆 (urad dal) 或其他乾燥小扁豆 (dried lentil)，例如印度綠豆 (moong dal)、印度橘扁豆 (masoor dal)

1 茶匙葫蘆巴籽 (fenugreek seeds)（非必要）

約 2 杯水

1½ 茶匙鹽

多薩餅：

印度酥油 (澄清奶油) (ghee or clarified butter)，或者椰子油 (或其他發煙點高的油品)，已融化過

將米與小扁豆的混合物以及 1½ 杯水放入食物處理機或攪拌機裡，研磨直到混合調勻，這可能需要 10 分鐘。加入 ¼ 至 ½ 的水繼續攪打，直到近似奶油的濃稠度。

將米糊倒進不會起化學作用的碗裡，蓋上盤子，放置於一個溫暖處 24 小時或更久——依據你廚房的環境而定，使之進行發酵。每 8 個小時確認米糊一次。假如使用玻璃碗，眼睛瞄一下即可。當米糊膨脹起來，充滿氣泡且帶有酸味，它就製做完成了！

拌入鹽之後，可立即煎烤，或者放入冰箱不超過一週。

多薩餅做法：取一個良好油烤過的鑄鐵鍋，開啟中火，在鍋裡刷上一層薄薄的印度酥油。

以金屬量杯將 ¼ 杯的米糊倒在鍋子中央，等待 5 秒鐘直至沾黏在鍋上。用金屬量杯的底部作出圓周運動、輕柔地旋繞米糊：從圓心開始向外畫圈直到形成一個非常薄，7 至 8 吋寬的圓形。在多薩餅上淋上 ¼ 到 ½ 茶匙的印度酥油。

煎烤約 2 分鐘，直到多薩餅的邊緣變乾、與鍋底分離，餅的底部變成金黃色。翻面續煎 1 至 2 分鐘。將煎好的餅移到盤子裡。

繼續煎烤其他的比薩餅，煎好的餅可放入烤箱保溫，或者立即享用。（將未用完的米糊放入冰箱貯存。假如貯存期間米糊變得濃稠，煎烤前可先用少量水加以稀釋。）

下一道食譜……

多薩餅可與鷹嘴豆馬薩拉（chana masala）（223 頁）或白菜花與馬鈴薯扁豆咖哩（cauliflower and potato dal）（244 頁）搭配一起食用。也可用多薩餅包捲起馬鈴薯餡餃（potato filling of the empamosas）（209 頁），或沾著芫荽印度酸甜醬（cilantro chutney）（209 頁）享用。

餡餃與芫荽印度酸甜醬的相遇
Empamosas with Cilantro Chutney

Plant-Forward Recipes and Tips for a Sustainable Kitchen and Planet

做出這道啟發於西班牙餡餃（empanada）、內餡則為印度咖哩餃的手餡餅（samosa-filled hand pies），我的一個孩子問道，是什麼讓它們能夠零廢棄呢？我可以回答，是因為它的香酥外皮，搭配美味可口、印度咖哩餃的辛辣餡料，保證這些餡餃（empamosa）能被一掃而空。但我很明白是因為它的料理方法超級實用。根據手邊擁有的材料，你可以決定將何種餡料放入手餡餅裡，以助於用完所有食材、達成零廢棄。（譯註：empamosa 意思是 empanada 加上 samosa ——印度咖哩餃，原本想直譯

12 個餡餃

餡餃：

¾ 磅紅皮馬鈴薯 (red potatoes)，不削皮，切成 1 吋大小

1 條中型紅蘿蔔，切丁

1½ 茶匙鹽，或視需求加入更多

1 湯匙椰子油

½ 茶匙孜然子 (cumin seeds)

1 個中型洋蔥，切丁約成 1 杯

1 顆蒜瓣，剁碎

1 茶匙新鮮薑末

1 條賽拉諾辣椒或墨西哥青辣椒 (serrano or jalapeño pepper)，剁碎

½ 茶匙薑黃粉 (ground turmeric)

½ 茶匙芫荽籽粉 (ground coriander)

¼ 茶匙印度綜合香料 (garam masala)

½ 茶匙黃芥末籽 (yellow mustard seeds)

為「融合阿根廷風味及印度咖哩的餡餃」，或「印度咖哩餃魂的西班牙餡餃」，但因過於冗長，故以「餡餃」簡稱。）

料理了燉辣豆醬（chili）（249 頁）或鷹嘴豆馬薩拉（chana masala）（223 頁），想變出一點新鮮花樣？烹煮它們以提高濃稠度，你就有了現成的餡料。或者將墨西哥豆泥（refried beans）（204 頁），混合一點過濾的發酵番茄莎莎醬（fermented tomato salsa）（203 頁），放入手餡餅裡。若想製做甜點，手餡餅裡則可放入用奶油、糖、肉桂（cinnamon）及肉荳蔻（nutmeg）煮過的蘋果丁。

如果願意的話，也可提前一兩天做出搭配這些美味餡餃的印度酸甜醬（chutney）。

將烤箱預熱至 375°F。

餡餃做法：將馬鈴薯與紅蘿蔔放入一個中型鍋裡，倒入足以覆蓋 1 英吋的水，加 1 茶匙的鹽，蓋上鍋蓋加以煮沸。沸騰後，將火轉小成為即將沸騰的溫度。打開鍋蓋，持續燉煮蔬菜 10 至 15 分鐘，直至熟軟到能以叉子插入。瀝乾馬鈴薯及紅蘿蔔，放置一旁。

將鍋子移回瓦斯爐，加入油，以中火熱鍋。加入孜然子，持續烹煮、攪拌約 1 分鐘，直到散發香味。加入洋蔥、大蒜、薑、辣椒，持續烹煮約 5 分鐘，偶爾攪拌一下，直到洋蔥軟化。

加入薑黃、芫荽籽、印度綜合香料和黃芥末籽，攪拌以裹上洋蔥混合物。持續烹煮約 1 分鐘，偶爾攪拌，直到散發香氣。倒入馬鈴薯與紅蘿蔔，攪拌以裹上鍋裡的調味料，同時以木湯匙稍微搗碎馬鈴薯。加入萊姆汁、芫荽和剩餘的 ½ 茶匙的鹽，加以調味。

1½ 茶匙萊姆或檸檬汁（1 顆萊姆或檸檬）

¼ 杯新鮮芫荽（fresh cilantro），細細剁碎

兩份無所畏懼西點（No-Fear Pastry）（119 頁），冷藏過

芫荽印度酸甜醬（cilantro chutney）：

2 杯緊實塞滿的新鮮芫荽（fresh cilantro）葉子與莖部

2 顆大型蒜瓣，搗碎備用

2 條賽拉諾辣椒或墨西哥青辣椒（serrano or jalapeño peppers）

2 湯匙新鮮萊姆或檸檬汁（1 顆萊姆或檸檬）

½ 茶匙鹽

½ 茶匙糖

在撒上一層薄麵粉的檯面上,將西點麵團切成 12 等份。將每一份揉成圓球型後,壓成圓餅狀,再用 麵棍將每一個圓餅 製成 5 吋大小的圓形。

在每個圓形中央放上兩大湯匙的餡料,將麵團對折形成半月形。從餡餃的一端開始,將邊緣折疊一起,一次折起一個拇指大小的麵團(見照片),沿著半月形的邊緣持續折疊。

將折疊好的餡餃放在未塗油的餅乾烤盤上,持續填滿及捏製剩餘的麵團圓形。

放入烤箱烘焙約 20 分鐘,直至西點酥皮呈金黃色。

印度酸甜醬作法:將芫荽、大蒜、辣椒、萊姆汁、鹽和糖放入食物處理機,攪打直至平滑均勻的泥狀,這可能會花幾分鐘。與餡餃一起享用。

下一道食譜……

手邊若剩餘一些餡料,取一個鑄鐵鍋或煎鍋,以中火熱少量的油。加入剩餘的餡料煎煮,但不要攪拌,直到馬鈴薯變成金黃色,翻面續煎。香煎馬鈴薯可與剩下的印度酸甜醬一起食用。印度酸甜醬與蔬菜雜燴薄煎餅(vegetables pancakes)(195 頁)或 207 頁的印度可麗餅(多薩餅)(Indian crepes or dosas)一起食用也很搭。

辣勁十足泡菜 Simple Spicy Kimchi

要做出美味驚豔的泡菜——原本深受韓國人喜愛而今風靡全球的辣味發酵高麗菜——真正的秘訣在於取得韓式辣椒粉。韓式辣椒粉是一種鮮紅粗粒狀、帶有煙燻味、又甜又辣的香料，可於亞洲超市或高級商店中購買。你當然可以用少量的卡宴辣椒粉（cayenne pepper）或乾燥辣椒片來取代韓式辣椒粉，但你的泡菜就不會具有韓式泡菜獨特的風味。所使用的高麗菜品種也同樣會影響泡菜的口味，紫甘藍（red cabbage）、包心菜（green cabbage）或皺葉甘藍（Savoy）同樣會發酵——你無法讓高麗菜不發酵！——但他們就缺乏了大白菜（或稱中國大白菜）的些微甜味。

剝除一片高麗菜葉，放到一旁。從高麗菜頂部開始切片，切成2吋寬。取一個大碗，將高麗菜、白蘿蔔和青蔥一起攪拌均勻，撒上鹽。

一邊攪拌，一邊擠壓手裡的青菜，這有助於破壞細胞壁，使水分釋放出來。繼續擠壓蔬菜幾分鐘，直到它變得濕潤、高麗菜變得塌軟。品嚐一下味道，若鹹味不足，加一點鹽，若是太鹹，則可加入更多高麗菜來補救。

將一個碟子壓在蔬菜上方，碟子上再加一個重物（如一罐水），再用毛巾加以覆蓋。將蔬菜靜置一旁數小時。

待蔬菜靜置時，取另一個碗，混合大蒜、薑、韓式辣椒粉和乾燥海帶顆粒（如果有使用的話）。

移除高麗菜上方的重物與小碟，此時碗底應該已累積一灘水。將香

4 杯泡菜

1 顆 (2 磅) 大白菜 (napa cabbage)

1 條 (1 磅) 白蘿蔔 (daikon radish)，切成 2 吋長、⅛吋厚火柴棒般的大小

4 條青蔥 (scallions)，白色與綠色部分一起切成 1 吋長度

1 湯匙加上 2 茶匙的鹽，或視需要加入更多

6 顆蒜瓣，搗碎

1 片 (1 吋) 新鮮薑片，剁碎或刨碎

¼ 杯韓式辣椒粉 (gochugaru)

1 茶匙乾燥海帶顆粒 (dried kelp granules) (非必要)

料混合物加入蔬菜一起充分混合。

將泡菜塞進一個足以容納6個杯子容量的罐子裡，或者用兩個各別能裝3到4杯容量的小罐子（關於罐子的選項，請見51頁）。將蔬菜緊實地填塞進罐裡，以助於擠出氣泡，讓蔬菜得以完全浸泡在水中。通常我會親自用手進行這個步驟，但根據香料的種類及數量，使用大型木湯匙、研杵，或木質搗碎器或許更為恰當。填塞完成後，將碗裡剩餘的液體倒進罐子裡。

在罐子頂部保留至少2英吋的空間。為了讓泡菜完全浸泡在水裡，將預留的高麗菜葉折起、塞入罐裡。（假設使用兩個罐子，將高麗菜葉切成兩半，個別放入兩個罐中。）高麗菜葉的上方，可加上一個小型玻璃重物，例如優格罐。當蓋上罐子時，小罐子就會往下擠壓，讓液體得以完全淹沒高麗菜混合物。如果小罐子使你無法輕易蓋上罐子，移除一些蔬菜以釋出更多空間。

大白菜本身含有相當充分、足以覆蓋泡菜的水分，但在少數情況下，它沒有釋放足夠的液體，倒入一點水直到蔬菜完全浸泡在水裡。

將罐子放在碟子上，以盛接發酵活絡時形成氣泡溢出的液體。將罐子置於室溫下至少3天。

當發酵進入活絡期，二氧化碳會從第一天就開始在罐裡累積，此時記得每天打開罐子以釋放壓力，並每天品嚐味道。端視廚房的環境，你的泡菜可能3天就能製做完成。完成後，將它放進冰箱。泡菜可貯存好幾個月，但兩個月內食用完畢風味最佳。

下一道食譜……

切勿丟棄過於成熟、老化的泡菜！泡菜湯做法：取一個大型鍋具，熱2湯匙的油，加入切碎的1顆洋蔥與搗碎的2個蒜瓣，拌炒5分鐘。倒入4杯蔬菜清湯（151頁），1杯泡菜和一杯切碎的新鮮羽衣甘藍（fresh kale）。蔬菜加熱後，加入醬油試味。準備食用時，將湯舀到碗裡，上頭放1顆水波蛋，再以切碎的青蔥加以點綴。

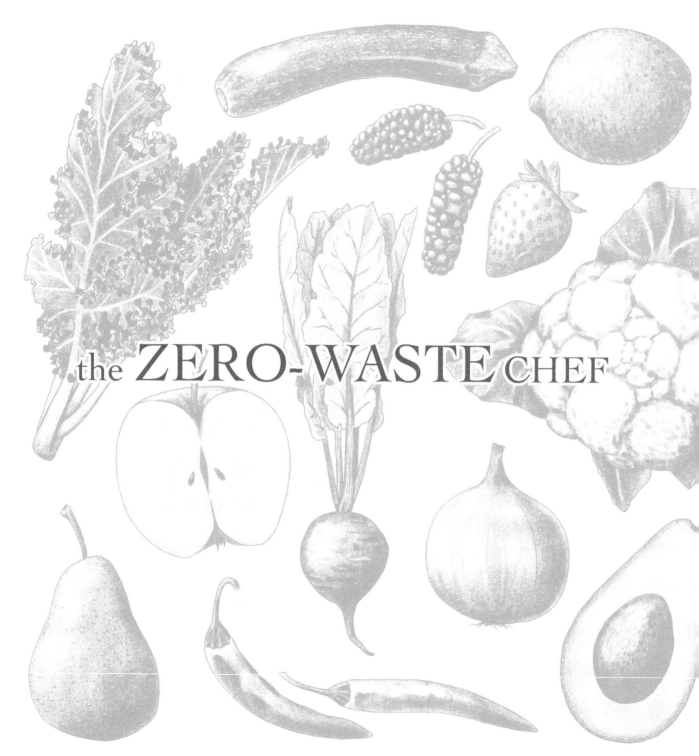

the ZERO-WASTE CHEF

第十章

做出主食、杜絕浪費

盛滿蘑菇與豆子，豐盛的牧羊人派 Feed-the-Flock Bean and Mushroom Shepherd's Pie, 219 頁

外帶鷹嘴豆馬薩拉 Takeout-Style Chana Masala, 223 頁

黑眼豆蘑菇漢堡 Black-Eyed Pea and Mushroom Burgers, 225 頁

韓式泡菜炒飯 Kimchi Fried Rice, 229 頁

法羅麥與羽衣甘藍沙拉，搭配醃漬檸檬與杏桃乾 Farro and Kale Salad with Preserved Lemon and Dried Apricots, 230 頁

一豆一菜一穀沙拉與檸檬蒜味醬 One-Bean, One-Vegetable, One-Grain Salad, with Lemon-Garlic Dressing, 232 頁

綜合時蔬義式烘蛋 Use-All-the-Vegetables Frittata, 234 頁

簡約風：茴香葉青醬與義大利麵 Frugal Fennel-Frond Pesto and Pasta, 236 頁

法式薄餅，瑞可塔及普羅旺斯燉菜 Ricotta and Ratatouille Galette, 239 頁

玉米巧達濃湯──從玉米粒到棒芯 Kernel-to-Cob Corn Chowder, 241 頁

扁豆燉菜：白菜花、馬鈴薯與小扁豆 Cauliflower and Potato Dal, 244 頁

祖母的鍋餡餅 Granny's Pot Pie, 247 頁

墨西哥燉辣豆醬 Chili sans Carne, 249 頁

托斯卡尼農家燉豆湯 Ribollita, 252 頁

酸種披薩與蕃茄蒜蓉醬 Sourdough Pizza with Tomato-Garlic Sauce, 254 頁

盛滿蘑菇與豆子，豐盛的牧羊人派
Feed-the-Flock Bean and Mushroom Shepherd's Pie

眾人皆熱愛牧羊人派的馬鈴薯泥，但對於搗碎馬鈴薯的方法卻意見分歧。在這個國家，搗碎馬鈴薯的體系可分為三派。喜愛綿密滑順口感的群眾一半擁護使用食品研磨器（food mill）、另一半則支持馬鈴薯壓泥器（potato ricer），但還有一種選項會出現在「搗碎光譜」的另一頭——例如一位料理馬鈴薯泥的廚師，在感恩節選擇揮舞更為直接的馬鈴薯搗碎器（potato masher）。當然，還會有一些「獨立人士」單純只用叉子來搗碎。無論如何，沒有一位候選人提議食物處理機（food processor）能進入選舉，因為機器的刀片將導致黏糊糊的麻煩物。

若使用食品研磨器，可連皮一起烹煮馬鈴薯，因為機器能夠去除外皮。但假如你偏好帶皮的馬鈴薯泥，那麼就用搗碎器或叉子來搗爛馬鈴薯。

假如使用乾燥豆子，先浸泡至少 6 小時，然後根據 148 頁的說明烹煮（烹煮豆子的時間可從幾分鐘到 8 小時，端視使用的是壓力鍋或慢燉鍋。）瀝乾煮熟的豆子，將豆子及煮豆子的清湯分別貯存。

如果想要的話，可將馬鈴薯削皮（或者使用馬鈴薯壓泥器）。取一個中型平底鍋，放入馬鈴薯及足以覆蓋約 1 吋的冷水，加入 2 茶匙鹽，蓋上鍋蓋煮沸。沸騰後，將火轉小以維持鍋底起泡、即將燒滾的熱烈狀態。打開鍋蓋持續燉煮 15 至 20 分鐘，直到馬鈴薯能用叉子插入的熟軟

4 至 6 人份

1¼ 杯乾燥黑豆或黑眼豆（black-eyed peas），或者

3 杯煮熟的豆子或豌豆

2 磅「育空黃金」馬鈴薯（Yukon Gold potatoes）

3½ 茶匙鹽，或更多以調味

新鮮研磨黑胡椒粉

6 湯匙（¾ 條）無鹽奶油（unsalted butter），切成 ¼ 吋薄片

¾ 杯全脂鮮乳，「半對半」鮮奶油（Half-and-half），或者堅果、種子奶（nut or seed milk）（125 頁）

3 湯匙橄欖油

3 條中型紅蘿蔔，切丁

2½ 杯任選冬季蔬菜，如蕪菁（turnips）、防風草根（parsnips）或南瓜（squash），切成塊狀

10 盎司褐色蘑菇（cremini（brown）mushrooms），切片約成 4 杯

1 顆黃皮或白洋蔥（yellow or white onion），或者 3 個中型紅蔥（shallots），切丁

度──馬鈴薯需煮得夠軟，方能搗碎。用瀝水籃將馬鈴薯瀝乾，願意的話，可留存汁液作為烹煮其他菜餚使用。

取一個空的平底鍋，放入奶油、牛奶及 1 茶匙鹽，加熱直至奶油融化，然後關火。

直接在平底鍋上方，將馬鈴薯放入食品研磨器或馬鈴薯壓泥器處理。或者將馬鈴薯放入鍋裡，用馬鈴薯搗碎器或叉子搗爛。攪拌將其混合均勻，加入胡椒調味，若需要也可加入更多鹽巴後試味。

取一個大型歐式炒鍋，以中火熱 1 湯匙的橄欖油，拌炒紅蘿蔔及冬季蔬菜 5 至 10 分鐘，直到稍微軟化。將食材倒入碗裡。

將剩餘的 2 湯匙油倒入炒鍋裡，拌炒蘑菇 5 至 8 分鐘直到釋放水分，加入洋蔥、大蒜，持續拌炒 5 至 10 分鐘直到軟化。拌入番茄糊、葡萄酒，使之微微沸騰，並加以攪拌、刮起鍋底褐色的食材碎屑，持續燉煮幾分鐘。

將煮熟的豆子及 1 杯煮豆子的水倒進鍋裡，拌入迷迭香、百里香、月桂葉，以及剩餘 ½ 茶匙的鹽及胡椒後試味。持續燉煮 20 分鐘，直到水分蒸發一半。

將烤箱預熱至350℉。取一個9×13吋的烘焙器皿，刷上薄薄一層油。

把月桂葉從豆子混合物移除後，將混合物均勻平鋪在烘焙器皿裡。上方加一層均勻的蔬菜混合物，最上方再疊一層均勻平鋪的馬鈴薯泥。

將烘焙器皿放在鐵製烤盤上，以盛接任何冒泡、滴落的汁液，烘焙30 至 40 分鐘直到馬鈴薯呈焦黃色。

---

1 顆蒜瓣，剁碎

¼ 杯「絕對值得的蕃茄糊」（Worth-It Tomato Paste）（136 頁）或市售番茄糊

1 杯糖分少的紅葡萄酒 (dry red wine)（見小提醒）

1 小枝帶葉的新鮮迷迭香 (rosemary)，葉子剝除及切碎

1 小枝帶葉的新鮮百里香 (thyme)，葉子剝除及切碎

1 片月桂葉 (bay leaf)

小提醒

想要的話，也可以多一點煮豆子的水來取代葡萄酒。

下一道食譜……

葡萄酒剩餘的可能性很小，假如製做牧羊人派後還剩一些，可拿來取代燉辣豆醬（chili）（249 頁）裡一部分的汁液，增添其豐富的層次及風味。

外帶鷹嘴豆馬薩拉 Takeout-Style Chana Masala

這道頗負盛名的印度料理，以辛辣的茄汁洋蔥醬燉煮鷹嘴豆而成，將各種人匯聚在一起——貧窮學生和富有的科技人員，挑嘴孩童和飢餓的大人，素食主義者和雜食主義者。除了消弭我們之間的差異，這道簡易菜餚亦是廚房烹調效率的典範。我會提早一兩天用壓力鍋烹煮鷹嘴豆，同時多加一杯以備幾日後攪打出鷹嘴豆泥（hummus）（277 頁）或做成燜烤鷹嘴豆（roasted chickpeas）（268 頁）。冬季時，我則會用上一罐夏末儲存在冷凍庫的燜烤番茄。同時為了擁有「煮一次吃兩餐」的成效，我會準備雙份的食材。如同大部分的湯品及燉煮料理，這道單純的菜餚第二日再烹煮時，風味只會變得更加濃郁可口。鷹嘴豆馬薩拉（chana masala）也能以冷凍的方式妥善保存。

假設使用乾燥鷹嘴豆，先浸泡至少 6 小時，瀝乾後根據 148 頁的說明烹煮（烹煮豆子的時間不定，可從壓力鍋的幾分鐘至慢燉鍋的 8 小時）。過濾煮熟的鷹嘴豆。

假如使用新鮮番茄，將一大鍋水煮沸後，把番茄一個個逐漸放入，浸泡 1 分鐘後移除，放在盤子上使之稍微冷卻。剝去番茄皮，將番茄切成 1 吋大小的塊狀。（或者，若使用燜烤番茄，將它們放入食品研磨器處理。）

取一個大型煎鍋、荷蘭鍋或有深度的歐式炒鍋，以中火熱油。加入孜然子，拌炒約 1 分鐘直到散發香氣。加入洋蔥、大蒜、薑、辣椒持續烹煮 5 至 10 分鐘，偶爾攪拌一下，直到洋蔥變軟。

4 人份

- 1¼ 杯乾燥鷹嘴豆 (dried chickpeas)，或 3¾ 杯煮熟的鷹嘴豆

- 2 磅成熟番茄，去皮、切塊成約 4 杯 (見小提醒)，或者 2 杯燜烤番茄 (136 頁)

- 2 湯匙椰子油或橄欖油

- 1 茶匙孜然子 (cumin seeds)

- 1 顆中型洋蔥，切丁

- 4 顆蒜瓣，剁碎

- 4 茶匙新鮮薑末

- 1 至 2 條賽拉諾辣椒或墨西哥青辣椒 (serrano or jalapeño peppers)，剁碎

- 2 茶匙印度綜合香料 (garam masala)

- 1 茶匙芫荽籽粉 (ground coriander)

- ½ 茶匙薑黃粉 (ground turmeric)

- 1 茶匙鹽，或視需要加入更多

- ½ 杯水

- 2 至 4 湯匙新鮮檸檬或萊姆汁 (1 至 2 顆檸檬或萊姆)

加入印度綜合香料、芫荽籽、薑黃和鹽，拌炒 1 分鐘。拌入番茄，用木湯匙的背部搗爛番茄。假設使用新鮮蕃茄，續煮 5 分鐘；若使用燜烤番茄，便不用再煮。

加入煮熟的鷹嘴豆及水，使之緩緩沸騰，然後轉成中小火，打開鍋蓋持續燉煮約 20 分鐘，偶爾攪拌一下，直到醬汁變得稍微濃稠。

關火，拌入檸檬汁和芫荽，最後再用一點剩餘的芫荽作為點綴。煮好的菜餚可與米飯或可麗餅一起食用。願意的話，亦可搭配辣椒醬與醃漬檸檬。

小提醒

在這道以及其他用番茄為基底的食譜中，將新鮮番茄去皮並非必要，雖然這樣能做出較為滑順的醬汁。

½ 杯新鮮芫荽 (fresh cilantro)，粗略切碎，以及更多以作裝飾

4 杯煮熟米飯，或 12 個印度可麗餅 (Indian crepes)（多薩餅 (dosas)；207 頁）以搭配食用

客製化辣椒醬 (Pick-Your-Peppers Hot Sauce)（非必要；103 頁）

醃漬檸檬 (preserved lemons)（非必要；107 頁）

下一道食譜……

製作這道食譜時，你可能不想花工夫將番茄去皮，不過假設你這樣做了，保存這些番茄皮、將其烘乾，以作為爆米花的美味佐料 (popcorn seasoning)（275 頁）

黑眼豆蘑菇漢堡
Black-Eyed Pea and Mushroom Burgers

這些豆漢堡的美味基底源於綿密的黑眼豆，而濃稠的蘑菇則添加了豐富的風味，再由碾磨的燕麥作為它們的黏合劑製成厚實的漢堡排。

假設你想搭配漢堡包，你可以購買它——不要緊的，不用每樣東西都要親自動手做。你沒有任何道德義務必須種植小麥、研磨穀物、製作麵粉、烘焙麵包。當地麵包店可能有販賣零散的新鮮漢堡包，讓你裝入自備購物袋裡。假如想自製漢堡包，可在 108 頁找到它的食譜。也可以用生菜捲起漢堡排，或者將它弄碎、夾在柔軟的墨西哥薄餅（tortillas）（121 頁）裡一起享用。

假如使用乾燥黑眼豆，先浸泡至少 6 小時，瀝乾後根據 148 頁的說明烹煮（煮豆子的時間不定，可從壓力鍋的幾分鐘至慢燉鍋的 8 小時）。過濾煮熟的黑眼豆。

將烤箱預熱至 350°F，並在兩個鐵製烤盤上抹油。

取一個中型煎鍋，以中火將蘑菇在 3 湯匙的橄欖油裡拌炒 5 至 8 分鐘，直到蘑菇變得軟化、釋出水分，倒入一個大碗裡。

將剩餘 1 湯匙的油倒入煎鍋，烹煮洋蔥、大蒜 5 至 10 分鐘，偶爾攪拌一下，直到變軟。加入孜然、辣椒粉、鹽攪拌及烹煮 1 分鐘。

將燕麥放入食物處理機研磨 30 秒，以製成粗糙質地的燕麥粉。加入洋蔥與大蒜混合物，以及 2 杯煮熟的黑眼豆，持續攪打數次直到質感變

Plant-Forward Recipes and Tips for a Sustainable Kitchen and Planet

---

12 個小漢堡排

1¼ 杯乾燥黑眼豆 (dried black-eyed peas)，或 3 杯煮熟豆子

8 盎司褐色蘑菇 (cremini (brown) mushrooms)，粗略切丁約成 3 杯

4 湯匙橄欖油

1 顆小型洋蔥，切丁

2 顆蒜瓣，剁碎

1½ 茶匙孜然粉 (ground cumin)

½ 茶匙家常辣椒粉 (homemade chili powder) (110 頁)，或市售辣椒粉

1 茶匙鹽

1 杯傳統燕麥片 (rolled oats)，或視需要加入更多

得不那麼粗糙，但不要攪打到毫無顆粒。

　　將攪拌後的混合物，加入碗裡的蘑菇，再加入剩餘 1 杯的黑眼豆。假使混合物太過黏稠、無法製成漢堡排，加入 1 至 2 湯匙的燕麥持續攪打。

　　以溼潤的手將 ¼ 杯的混合物揉製成球狀，一邊旋轉，一邊用手指中央部位輕輕壓扁，以及用拇指壓平邊緣，放在鐵製烤盤上。繼續將剩餘的食材塑型成漢堡排。

　　烘焙 12 分鐘，將漢堡排翻面，持續烘焙 12 分鐘或直到酥脆。（另一種方法，是將煎鍋放在瓦斯爐上，倒入一點油後煎烤漢堡排。）製做完成後，與番茄醬、芥末醬、蒜泥美乃滋、泡菜或任何喜愛的佐料一起享用。

升級版番茄醬（Stepped-Up Ketchup）（140 頁）、「隨心所欲而成‧蜂蜜芥末醬」（As You Like It Honey Mustard）（144 頁）、蛋白蒜泥美乃滋（egg white aioli）（142 頁）、辣勁十足泡菜（Simple Spicy Kimchi）（213 頁）或者任選的頂層佐料

下一道食譜……

浸泡及烹煮黑豆後，記得保存剩餘的湯汁！假使不立即使用，可倒入寬口罐裡冷凍，或者倒入製冰盒裡製成冰塊，需要時即可取用湯汁冰塊。這些貯存的高湯可提升湯品的風味及濃稠度，例如加入「托斯卡尼農家燉豆湯」（ribollita）（252 頁）之中。或者用一些來烹煮「扁豆燉菜：白菜花、馬鈴薯與小扁豆」（cauliflower and potato dal）（244 頁）裡的小扁豆。

韓式泡菜炒飯 Kimchi Fried Rice

當孩子們無法回應我的問題「味道如何？」的時候，我知道我做出了一道成功的菜餚。一方面他們忙著狼吞虎嚥，一方面我曾教導他們口中有食物時，不要開口說話。他們只是單純地點點頭，或用空下來的手比一個讚，另一隻手則忙著揮舞叉子進食。

這就是其中的一道食譜。

況且它實在太容易料理了。假如已製做出 213 頁的泡菜，你的工作已完成一大半——感謝過去那個有遠見的自己吧！冰箱裡剩餘一些飯嗎？晚餐馬上就好！

取一個大型的深煎鍋，以中高火熱油，加入洋蔥拌炒 3 分鐘直至半透明。加入泡菜，續炒 2 分鐘，然後加入飯、泡菜汁、醬油和芝麻油，攪拌以分解任何黏結成團的米飯，並使之裹上湯汁。

在混合物中央挖出一個深洞，倒入雞蛋，拌炒 2 至 3 分鐘之後，拌入周圍的泡菜、白飯直到雞蛋完全煮熟。加入鹽巴以調出喜愛的口味。

小提醒

- 這道食譜最適合用剩餘的米飯，使用的米飯應該有點乾，不會像剛煮好、鬆軟的飯一般地黏成一團。
- 或許罐裡沒有 ¼ 杯的泡菜湯汁可用，盡可能地取出能用的湯汁即可。

3 人份

¼ 杯椰子油或花生油 (peanut oil)

2 顆小型洋蔥，切丁

2 杯辣勁十足泡菜 (Simple Spicy Kimchi) (213 頁)，粗略切碎，加上 ¼ 杯泡菜湯汁（見小提醒）

4 杯剩餘的白飯（見小提醒）

2 湯匙醬油

2 湯匙芝麻油

4 顆大雞蛋，輕輕攪打過

4 條青蔥，白色與綠色部份一起切片，作為點綴用

鹽

保留廚餘 (Save Your Scraps, SYS)

切碎青蔥時，保留約 1 英吋的根部，將它們放在水罐裡，使它們能再生。待長成幾英吋後，種在花盆裡，置於屋外或充滿陽光的窗戶旁。只要在泥土變乾時澆水，偶爾施以一層堆肥，便可在需要時剪斷一些青苗來使用。

法羅麥與羽衣甘藍沙拉，搭配醃漬檸檬與杏桃乾
Farro and Kale Salad with Preserved Lemon and Dried Apricots

我經常誇口稱讚自製的醃漬檸檬（107 頁），聽到的人不可避免地會問：「醃漬檸檬可以做什麼呢？」舉個例子，你可以做出一大碗法羅麥與羽衣甘藍沙拉，並且經常製作這道料理。

將溫熱的法羅麥與沙拉醬混合，使其能吸收醃漬檸檬、新鮮檸檬汁與橄欖油的香味，再放入切碎的杏桃乾、羽衣甘藍。假如手邊有任何快過期的麵包的話，放進嗡然作響的食物處理機、做出麵包碎屑，然後放在爐上的乾燥平底鍋裡烘烤，食用前便可撒在沙拉上，享用其酥脆口感。

取一鍋具，將鹽加入水裡，並使之沸騰。加入法羅麥，以文火燉煮 20 至 30 分鐘直到變軟，瀝乾。

在一個大碗裡，將鹽、橄欖油、醃漬檸檬及檸檬汁一起攪拌，加入溫熱的法羅麥，拌勻食材。

將羽衣甘藍粗莖最底部的 2 吋切除後（不要丟棄切除的部位，見「保留廚餘」），連同菜梗切成約 ½ 吋寬的細絲。將羽衣甘藍、杏桃加入法羅麥混合物。

食用沙拉之前，再撒上一些麵包屑（如果你想加的話）一起享用。

2 人份

2 杯水

¼ 茶匙鹽，或視需要加入更多

1 杯法羅麥 (farro)

⅓杯橄欖油

¼ 醃漬檸檬 （preserved lemons）（107 頁），除籽，皮與果肉切碎成約 2 湯匙

3 湯匙新鮮檸檬汁

1 把拉齊納多羽衣甘藍 （lacinato kale）（亦稱為托斯卡納、黑羽衣或恐龍羽衣甘藍 (Tuscan, black, or dino kale)）

¾ 杯杏桃乾 (dried apricots)，切丁

¼ 杯麵包屑，稍微烘烤過（非必要）

保留廚餘 （Save Your Scraps, SYS）

將羽衣甘藍的莖部細細切碎，偷偷加入其他菜餚裡，例如鍋餡餅 (pot pie)（247 頁）、鹹味法式薄餅 (savory galette)（239 頁） 或 者熱炒菜餚 (stir-fry)（205 頁）——沒人會發現的！

一豆一菜一穀沙拉與檸檬蒜味醬

One-Bean, One-Vegetable, One-Grain Salad, with Lemon-Garlic Dressing

這是一個忙碌的週三夜晚，你在冰箱裡搜尋食材，找到一罐煮熟的鷹嘴豆、一些煮過的藜麥、一條黃瓜，以及剩餘的、你在週末時攪打製作的沙拉醬，幾分鐘之內，令人飽足的一道餐點即可上桌。

這道充滿無限可能性的菜餚，可使用黑豆、海軍豆（navy beans）、柯波拉紅點豆（borlotti beans）或赤小豆（adzuki beans）；法羅麥（farro）、糙米、燕麥仁（buckwheat groats），或櫥櫃裡層那罐神秘穀物；甜椒、番茄、花椰菜、酪梨或煮熟的甜菜（beets）。

想要的話，可提前一兩天先將煮熟的豆子、穀物及沙拉醬攪拌混合，食用沙拉前再任選蔬菜切碎、拌入其中。

假如使用乾燥鷹嘴豆，先浸泡 6 小時以上，瀝乾後，根據 148 頁的說明烹煮（豆子煮熟的時間不定，可從壓力鍋的幾分鐘至慢燉鍋的 8 小時）。過濾煮熟的鷹嘴豆。

取一個罐子或小碗，攪拌檸檬汁、大蒜、蜂蜜、蜂蜜芥末醬、鹽和胡椒後試味。緩緩倒入橄欖油，攪打使之乳化。嚐一下味道，視需要加以調味。（可提前製作，貯存於冰箱內備用。）

清洗藜麥。取一個中型鍋具，將水煮沸。加入藜麥後，再次煮沸，然後轉成中小火，蓋上鍋蓋，燉煮約 15 分鐘，直到藜麥膨脹。持續蓋著、

2 人份

少量 ½ 杯乾燥鷹嘴豆，或 1 杯煮熟的鷹嘴豆（chickpeas）

3 湯匙新鮮檸檬汁

1 顆蒜瓣，剁碎

½ 茶匙蜂蜜或楓糖漿（maple syrup）

½ 茶匙「隨心所欲而成，蜂蜜芥末醬」（As You Like It Honey Mustard）（144 頁），或市售蜂蜜芥末醬

⅛ 茶匙鹽，或視需要加入更多

新鮮研磨黑胡椒粉

¼ 杯橄欖油

1 杯藜麥（quinoa）

2 杯水，或「零廚餘零花費的蔬菜高湯」（Save-Scraps-Save-Cash Vegetable Broth）（151 頁）

2 條中型黃瓜，切成一口大小

靜置 5 分鐘之後，用叉子弄鬆。

在一個大碗裡，混合煮熟的鷹嘴豆、藜麥和黃瓜。倒入約 ¼ 杯的沙拉醬，攪拌使食材均勻裹上醬汁。嚐一下味道，想要的話可加多一些沙拉醬。立即享用！

下一道食譜......

倘若剩餘一些沙拉醬，可做成義式青醬（pesto）。用食物處理機將一些甜羅勒葉（basil leaves）、核桃和起司條，或具有營養的酵母加以混合。在處理機運作時，緩緩倒入沙拉醬直至濃稠，將之調整成個人喜愛的濃稠度與口味。

綜合時蔬義式烘蛋 Use-All-the-Vegetables Frittata

一道義式烘蛋能同時滿足忙碌無比的廚師與飢腸轆轆的食客。漫長一日結束時，廚師能快速地將手邊樸實的食材轉變成一鍋令人飽足的料理，菜餚中那可口的蔬菜被絲滑的卡士達醬所包圍，就連挑惕的用餐者都禁不住大快朵頤。從烤箱取出義式烘蛋可直接趁熱食用，或者提前製作，稍候於室溫下再慢慢享用。

要料理這道佳餚，一個 10½ 吋大小的鑄鐵鍋是從頭到尾都堪稱完美的尺寸。假設沒有鑄鐵鍋，用不銹鋼煎鍋（或任何煎鍋）拌炒蔬菜後，在玻璃烤派盤裡組合義式烘蛋，送入烤箱烘烤。

將焗烤箱預熱。取一個中型碗，用叉子攪打雞蛋直到看不見任何一丁點清澈的蛋白。

將牛奶拌入蛋裡，加入鹽與胡椒調味。

取一個大型的鑄鐵鍋，以中大火熱油及拌炒新鮮蔬菜約 5 分鐘，直到釋出水分——不要省略這個步驟！你會希望水分在鍋裡先釋出，而非進入蛋裡。（假設使用燜烤過的蔬菜，拌炒約 2 分鐘加熱即可。）

將蛋與牛奶的混合物淋在煎鍋裡的蔬菜上方，烹煮約 4 分鐘直到邊緣開始凝結。

將煎鍋放入焗烤箱燒烤約 4 分鐘，直到煎蛋餅中央微微凝結、如同卡士達般能輕盈晃動。不要讓烘蛋上方出現焦黃色，假如呈現焦黃色，則表示烤製得有點過久，義式烘蛋可能會有太乾的風險。

4 人份

6 個大雞蛋

½ 杯全脂鮮乳，或「半對半」鮮奶油 (Half-and-half)

鹽巴與新鮮研磨黑胡椒粉

2 湯匙橄欖油

5 杯任選的新鮮蔬菜，切丁，或者使用 4 杯「燜烤香草蔬菜饗宴」(Hearty and Herby Roasted Vegetables) (200 頁)

下一道食譜......

用剩餘蔬菜做出的義式烘蛋，還剩一些嗎？可用它快速地做出一個三明治，拌以番茄醬（140 頁）、泡菜（213 頁）或任何啟發你想像力的佐料。這個三明治可說是廚餘的平方，充斥著 N 次方的美好風味。

簡約風：茴香葉青醬與義大利麵
Frugal Fennel–Frond Pesto and Pasta

我這裡的農夫市集，攤主會免費贈送茴香莖部與茴香葉。大部分茴香的買主會要求削除莖部、葉子，帶走「我拿它們能做什麼？」的罪惡感與修剪出的球莖茴香。因此這個青醬的其中一樣主要食材——茴香葉——免費即可取得。但假設日後這本食譜書暢銷熱賣，導致茴香葉的價格飆漲，那我就很抱歉啦！

雖然無法提供哪裡以及如何找到免費麵粉的竅門，但我可以幫你省下一大筆錢，不用購買製做義大利麵的昂貴器具。當你把麵團放入義大利麵製麵機，的確能做出美麗的自製義大利麵，但假使沒有它，一個工作檯、一把刀、一個擀麵棍也已足夠。假如還有一個乾淨的葡萄酒瓶，連擀麵棍也不需要了——馬蓋先大廚（Chef MacGyver）如是說。

青醬做法： 在 350℉ 的烤箱裡烘烤原生堅果 5 分鐘，攪拌一下，續烤 3 至 5 分鐘，直到散發香氣但非黯沈。

將烘烤過的堅果、大蒜、茴香葉、巴西里、鹽放入食物處理機，研製成泥狀。視需要刮下機器週邊的食材。

處理機持續運作時，將油如涓涓細流一般緩緩倒入，直到青醬充分混合均勻。倒進大碗裡以待食用。（假設不立即使用，可放入寬口罐裡冷藏或冷凍。）

義大利麵做法： 取一個大碗，倒入粗粒小麥粉，並在中央做出一個

---

3 人份

青醬：

¼ 杯原生堅果，例如核桃、胡桃、杏仁或榛果

2 顆蒜瓣，搗碎

1 杯滿滿的茴香葉 (fennel fronds)（見小提醒）

½ 杯滿滿的新鮮巴西里葉 (parsley leaves)

½ 茶匙鹽

¼ 杯橄欖油

義大利麵：

2½ 杯 (250g) 杜蘭粗粒小麥粉 (durum semolina)

¾ 杯 (125ml) 熱水（非滾燙）

1 茶匙鹽

深坑，將熱水倒入。（這個步驟可在工作檯上進行，但若是初學者，使用碗可能較為適合。）

用叉子將深坑周圍的麵粉併入熱水，持續進行直到所有的麵粉與水混合一起，形成一個易碎型態的麵團。

將麵團倒在撒了麵粉的工作檯上——碗裡很可能已經有足夠的麵粉，不用在工作檯面撒上更多。搓揉麵團直到它變得柔軟光滑、具有彈性。當你用拇指按出一個小洞，揉製完成的麵團應自動彈回，假使沒有反彈回來，便繼續搓揉。這個步驟可能需要 10 分鐘。用一塊乾淨的廚房擦巾覆蓋製成的麵團，靜置 20 至 30 分鐘。

將麵團切成兩等份（小一點的份量比較容易擀製），每份麵團擀製成約 ⅛ 吋的厚度，需要的話，可在工作檯上撒一層薄薄的粗粒小麥粉。

在麵皮上薄薄地撒些粗粒小麥粉，再將每一份麵皮捲成非常鬆弛的捲軸狀（見另一面的圖片）。若麵皮太過緊密黏著在一起，則不易切出麵條。將每份捲軸狀的麵皮橫切成 ¼ 吋寬的麵條。

將鹽加入一大鍋水裡，使之沸騰，放入麵條烹煮約 2 分鐘直至變軟。存留至少 ½ 杯煮過麵條的水以作備用，用瀝水籃將義大利麵過濾。

將煮過麵條的水加入盛裝青醬的碗裡，一起攪拌，再加入義大利麵充分拌勻，即可享用。

小提醒

羽衣甘藍莖部（kale stems）也非常適用於這道食譜，將茴香葉取代成 1 杯 ½ 吋細條的羽衣甘藍莖。

下一道食譜……

剩餘的茴香莖部，用蔬菜削皮器刮除表層後，可加入沙拉食用，例如加入「一菜一豆一穀沙拉與檸檬蒜味醬」（bean, vegetable, and the grain salad with lemon-garlic dressing）（232 頁）之中。

做出主食、杜絕浪費

Plant-Forward Recipes and Tips for a Sustainable Kitchen and Planet

法式薄餅，瑞可塔及普羅旺斯燉菜
Ricotta and Ratatouille Galette

為了押頭韻的輕快節奏感，這道食譜的英文採用「瑞可塔」（ricotta）及「普羅旺斯燉菜」（retatouille）作為食材，但實際上各種蔬菜都可拿來製做這道法式薄餅料理。拌炒蘑菇、燜烤奶油南瓜（roasted butternut sqash）、紅蔥（shallots）都很美味，也可用焦糖洋蔥（caramelized onions）、拌炒甜菜（sautéed chard）或馬鈴薯薄片。讓您的冰箱蔬菜保存盒及食品儲藏櫃決定薄餅的餡料吧！每份法式薄餅需要 5 杯新鮮蔬菜。蔬菜預先燜烤過，能將多餘的水分蒸發，以免西點潮濕變軟。

將烤箱預熱至 400ºF。

把切片後的番茄、甜椒、茄子、櫛瓜與洋蔥個別放在 5 個鐵製烤盤或鑄鐵烤盤上。將烤盤上的蔬菜，淋上約 1 湯匙的橄欖油，並用手攪拌使蔬菜裹上油，再將蔬菜均勻鋪成一層。在每個烤盤上，撒上鹽巴及 ¼ 茶匙的普羅旺斯綜合香料。（假設沒有足夠烤盤，依據相近的烘焙時間將蔬菜分類：番茄與甜椒一組、櫛瓜與茄子一組。）

燜烤蔬菜直到變得熟透、軟化，邊緣略呈焦狀。不同蔬菜烘烤時間會有所差異：番茄與甜椒需要 15 至 20 分鐘，櫛瓜與茄子則需 20 至 25 分鐘，洋蔥需要 30 分鐘。蔬菜進行烘烤時，記得搖晃烤盤或攪拌蔬菜一次。燜烤完成後，讓蔬菜在鐵製烤盤上完全冷卻。

若做完法式薄餅後立即進行烘焙，將烤箱溫度降至 375ºF。

---

4 人份

1 顆成熟大番茄，切成 ¼ 吋厚的薄片

2 顆中型甜椒，去除頂部、去籽後，切成條狀

1 條中型茄子，切成 ¼ 吋厚的半月形

1 條中型櫛瓜 (zucchini)，切成 ¼ 吋厚的薄片

1 顆中型洋蔥，縱向對切

5 茶匙橄欖油

粗鹽 (coarse salt)

1¼ 茶匙普羅旺斯綜合香料 (herbes de Provence)

1 份「無所畏懼西點」(No-Fear Pastry) (119 頁)，冷藏過

1 杯「是的乳清，你可以做出瑞可塔」(Yes Whey, You Can Make Ricotta) (131 頁)

2 顆蒜瓣，切成薄片

1 顆大雞蛋，加入 1 茶匙的水輕輕打過

蔬菜在燜烤時，著手擀製西點麵團。在撒滿麵粉的檯面上，將西點麵團擀製成 14 吋的圓餅，約 ⅛ 吋的厚度。將麵餅放在有邊烤盤（rimmed baking sheet）上，或者放進大型鑄鐵鍋裡。

麵餅中央塗抹上瑞可塔，成一個直徑約 10 吋的圓形。將燜烤的蔬菜以同心圓的方式鋪在瑞可塔上，並交替不同種類的蔬菜，最後均勻撒上大蒜。記得保留麵餅邊緣 2 吋的空間。

輕柔地折起麵餅的邊緣，稍微覆蓋餡料，沿著邊緣一邊折疊、一邊做出 1½ 吋寬的窄邊，大部分的蔬菜將會在麵餅中央裸露著。將麵餅皮邊緣刷上蛋液。

將法式薄餅先放入冷凍庫 10 分鐘（或冷藏 30 分鐘），再烘焙 40 至 50 分鐘，直到形成金黃色的酥皮。稍微冷卻後即可享用。

下一道食譜……

倘若有剩餘的瑞可塔，連同剩下的蛋液一起加入義式烘蛋（frittata）（234 頁）裡燒烤。或者燜烤的蔬菜無法全部放入法式薄餅中，亦或額外燜烤一些蔬菜，也都可放進義式烘蛋裡。

the ZERO-WASTE CHEF

玉米巧達濃湯——從玉米粒到棒芯
Kernel-to-Cob Corn Chowder

這道食譜號召玉米的每一個部位——玉米葉、玉米鬚和玉米棒芯做成湯底，玉米粒則煮成巧達濃湯。食用蔬果表皮或外層時，我會選擇有機蔬果，因為表皮和外層通常含有大量的農藥殘留物，不過相較於其他以農藥種植的蔬果，非有機甜玉米的農藥含量並不高。根據美國環保組織（Environmental Working Group, 簡稱EWG）所發佈的「乾淨十五」（Clean Fifteen List）顯示，含有最低農藥殘留量的 15 種農作物之中，玉米就排行第二。

無論如何，還是避免將非有機的玉米鬚和玉米葉放入高湯裡，畢竟當農藥噴灑在農作物上，是它們防禦裡層的玉米粒不受到農藥的污染。假使你能買到有機蔬果，玉米鬚和玉米葉確實會增添濃湯的風味。

如同這本書裡的許多食譜，這道巧達濃湯可分段烹煮——一天製做湯底，另一天則料理濃湯。

拔除玉米葉和玉米鬚之後，仔細刷洗玉米棒穗，用一把鋒利的刀切除玉米粒。

取一個大鍋，放入 8 杯水及玉米棒芯、玉米葉、玉米鬚，蓋上鍋蓋，以大火使之沸騰。轉成中小火，持續燉煮 30 至 45 分鐘直到高湯呈現金黃色，帶有甜味並散發香氣。用篩網過濾高湯，你會需要大約 5 杯高湯。

將 1 杯熱高湯放入攪拌機，加入腰果浸泡 10 分鐘。

4 人份

4 個玉米棒穗，含玉米葉和玉米鬚

8 杯水

½ 杯原生腰果

2 湯匙橄欖油

3 顆蒜瓣，剁碎

1 片約 1 吋的新鮮薑片，剁碎

1 顆大洋蔥，切丁

1 至 2 條賽拉諾辣椒或墨西哥青辣椒 (serrano or jalapeño peppers)，連同辣椒籽一起剁碎

2 個含葉的芹菜梗，切碎

1 湯匙乾燥奧勒岡 (dried oregano)

2 顆小型紅皮馬鈴薯 (red potatoes)，切成正方丁

1 湯匙新鮮萊姆汁(1顆萊姆)，或視需要加入更多

1 茶匙鹽，或視需要加入更多

切碎的新鮮芫荽 (fresh cilantro)

紅甜椒碎丁，煮好時撒上 (非必要)

以中火熱橄欖油，加入大蒜、薑、洋蔥、辣椒和芹菜拌炒 5 至 10 分鐘，直到變軟。拌入奧勒岡，加入玉米粒和馬鈴薯，攪拌直到裹上調味料。

加入 4 杯存留的高湯，使之沸騰，然後蓋上鍋蓋、轉成中小火，持續燉煮約 10 分鐘，直到馬鈴薯變軟。

以攪拌機研磨腰果和高湯，直至滑順的糊狀。

將 2 杯馬鈴薯濃湯加入攪拌機，研磨至平滑均勻後，拌入鍋裡的湯品。加入萊姆汁和鹽巴。假使巧達濃湯顯得太過濃稠，可加入更多高湯稀釋。（冷藏或冷凍剩餘的高湯。）

將巧達濃湯舀進碗裡，撒上芫荽，以及紅甜椒碎丁（如果你想要的話）。

保留廚餘（Save Your Scraps, SYS）

切開及擠壓萊姆之前，先刨下皮屑。柑橘皮屑（citrus zest）能輕易地大幅提升菜餚的風味，我們卻經常將它們丟棄！將柑橘皮屑冷凍或烘乾，然後加一點點進入油醋醬（vinaigrettes）、沙拉或者烘焙食品，如薄煎餅（pancakes）、格子鬆餅（waffles）或速發麵包（quick bread）。

做出主食、杜絕浪費

扁豆燉菜：白菜花、馬鈴薯與小扁豆
Cauliflower and Potato Dal

一旦用白菜花、馬鈴薯、印度香料這些食材，就沒什麼大問題了。Dal（或 dhal）意指具有豐富蛋白質的小扁豆，同時也是一種普遍的印度湯品的主要成分。我喜愛這道食譜裡強健的綠色小扁豆（green lentils），它們具備良好的堅韌度，但也可取代為褐色小扁豆、黃色小扁豆，或黑色小扁豆（brown, yellow, or black lentils）。烹煮的時間根據小扁豆的種類而有所不同，記得燉煮時查看鍋裡的豆子。趁小扁豆在烹煮時，著手準備其他的材料，這道餐點很快就能上桌！

取一個中型平底鍋，將小扁豆與水混合一起，以大火煮沸後，轉成中小火，蓋上鍋蓋，持續燉煮 20 至 30 分鐘，直到稍微軟化。視需要將入更多的水，以免小扁豆被煮乾。

取一個荷蘭鍋或大型鍋具，以中火熱橄欖油後，加入孜然子，持續攪動 1 分鐘直到散發香氣。加入大蒜、薑、洋蔥、辣椒，續煮 5 至 10 分鐘，偶爾攪拌一下，直到洋蔥變軟。加入薑黃、芫荽籽和印度綜合香料，攪拌 1 分鐘。最後加入白菜花、番茄和馬鈴薯，持續再拌炒 1 分鐘。

將小扁豆和煮豆的水拌入蔬菜混合物。假使水分不足以剛好覆蓋混合物，加入一點水。蓋上鍋蓋，燉煮約 15 分鐘直到馬鈴薯與白菜花變得熟軟。

拌入檸檬汁、鹽和芫荽，試味後加以調味。

4 人份

1 杯乾燥綠色小扁豆 (dried green lentils)

3 杯水

2 茶匙橄欖油

2 茶匙孜然子 (cumin seeds)

4 顆蒜瓣，剁碎

1 茶匙新鮮薑末 (見小提醒)

1 顆中型洋蔥，切丁

1 至 2 條墨西哥青辣椒或賽拉諾辣椒 (jalapeño or serrano peppers)，剁碎 (見小提醒)

1 茶匙薑黃粉 (ground turmeric)

1 茶匙芫荽籽粉 (ground coriander)

1 茶匙印度綜合香料 (garam masala)

2 杯 1 吋碎丁的白菜花花球

1 磅成熟番茄，去皮、切丁約成 2½ 杯，或者 1 杯燜烤番茄 (135 頁)

2 顆中型「育空黃金」馬鈴薯 (Yukon Gold potatoes)，

撒上一點芫荽作為點綴，與米飯或多薩餅一起享用這道佳餚。想要的話，還可搭配辣椒醬和醃漬檸檬。

小提醒

- 因為持續釀造薑汁自然發酵飲 (ginger bug)（279 頁），我手邊有許多發酵薑末，通常我會用它們取代扁豆菜餚裡的新鮮薑末。
- 墨西哥青辣椒的辣度低於賽拉諾辣椒。為了提升菜餚的辣味，我並不會將辣椒去籽。
- 檸檬汁可取代為 2 湯匙醃漬檸檬的汁液，以賦予菜餚層次豐富的口感。用鹽巴加以調味。

切成 ½ 吋的碎丁

2 湯匙新鮮檸檬或萊姆汁 (1 顆檸檬或萊姆)，或視需要加入更多 (見小提醒)

1 茶匙鹽，或視需要加入更多

¼ 杯新鮮芫荽 (fresh cilantro)，切碎，加上更多以作裝飾

4 杯煮熟的米飯，或者 12 個印度可麗餅 (Indian crepes) (多薩餅 (dosas)) (207 頁)，加熱過後

客製化辣椒醬 (Pick-Your-Peppers Hot Sauce) (103 頁；非必要)

醃漬檸檬 (Preserved Lemons) (107 頁；非必要)

下一道食譜......

你很可能會剩一部份白菜花頭，或者可能剩餘一把白菜花球，將之視為提前預備其他餐點，例如熱炒菜餚 (stir-fry) (205 頁)、鍋餡餅 (pot pie) (247 頁) 或者餡餃與芫荽酸甜醬 (empamosas with cilantro chutney) (209 頁) 的材料。

祖母的鍋餡餅 Granny's Pot Pie

我們能跟祖母學到很多事，舉凡如何種植食物、保存食物，到盡可能地節省每一口食物。祖母的節儉作風，連同實用生活技能，幫助她度過了經濟大蕭條。除了節約的美德，祖母也將許多充滿無限可能性的食譜——例如這道鍋餡餅——傳承給她的子孫們。

這道食譜能使用各種蔬菜，記得依照此處說明，慷慨地加入大把蘑菇，它們能大幅提升鮮味。祖母也會想提醒你料理這道充滿蔬菜的菜餡時，蒐集所有洋蔥、蘑菇、紅蘿蔔等等的碎屑。這些碎屑可拿來製做蔬菜清湯，搭配鍋餡餅食用，或者為下一次的湯品貯存備用。

將烤箱預熱至 400°F。

取一個大型煎鍋或歐式炒鍋，以大火熱 1 湯匙的橄欖油。加入蘑菇、些微鹽巴，翻炒 5 至 8 分鐘，直到水分釋放出來並蒸發掉。待蘑菇呈焦糖色，即可倒入碗裡。

轉成中火，將剩餘 2 湯匙的油倒入煎鍋，放入洋蔥、紅蘿蔔、芹菜和蔬菜丁，撒點鹽巴，大約拌炒 5 分鐘，此時蔬菜還不至於軟化。加入碗裡的蘑菇。

轉成中小火，讓奶油在煎鍋裡融化後，攪入麵粉，烹煮 1 分鐘，然後依次拌入高湯、牛奶。

加熱至微滾狀態，持續攪拌 2 至 3 分鐘，直到義式白醬（béchamel）變得濃稠細膩。注意不要讓混合物煮到焦黃。關火，加入蘑菇、蔬菜，拌入巴西里，並用鹽巴、胡椒加以調味。

4 至 6 人份

3 湯匙橄欖油

4 杯約 10 盎司的褐色蘑菇 (cremini（brown） mushrooms)，切片

鹽與新鮮研磨黑胡椒粉

1 顆大洋蔥，或 3 條中型紅蔥 (shallots)，切丁

2 條中型紅蘿蔔，切丁

2 個芹菜梗 (celery stalks) 及帶葉頭部，切丁

2 杯切丁的任意蔬菜，如馬鈴薯、蕃薯、小南瓜 (squash)、秋冬大南瓜 (pumpkin)、抱子甘藍 (Brussels sprouts)、防風草根 (parsnips) 和蕪菁 (turnips)

4 湯匙 (½ 條) 無鹽奶油 (unsalted butter)

½ 杯中筋麵粉 (all-purpose flour)

2 杯「零廚餘零花費的蔬菜清湯」(Save-Scraps-Save-Cash Vegetable Broth)（151 頁）

將混合物放入 13×9 英吋的烘焙器皿裡。

在撒了麵粉的工作檯上,將西點麵團擀製成長 15 吋、寬 11 吋的長方形,厚度為 ⅛ 吋。用擀麵棍捲起派皮,將派皮覆蓋在餡料上。塞好任何垂在外面的派皮,使之剛好在餡料及器皿的邊緣之間。用一把鋒利的刀,在派皮上劃幾道開口,使水蒸氣在鍋餡餅烘焙時得以蒸發。

烘培 25 至 35 分鐘,直到鍋餡餅上方呈金黃色,內餡開始起泡。

1½ 杯全脂鮮乳,「半對半」鮮奶油 (half-and-half),或者零廢棄堅果種子奶 (No-Waste Nut or Seed Milk) (125 頁)

4 湯匙新鮮巴西里 (fresh parsley),切碎

1 份「無所畏懼西點」(No-Fear Pastry) (119 頁),冷藏過

下一道食譜……

假如剩餘許多巴西里,料理出一些塔布勒沙拉 (tabbouleh) (191 頁),這道以巴西里為基底的沙拉,它的清香爽口恰好與豐盛的鍋餡餅達到巧妙平衡。

墨西哥燉辣豆醬 Chili sans Carne

這道食譜給我一個好機會再次重申：去除番茄皮不限於一種方法。

本書裡許多食譜，如同這道墨西哥燉辣豆醬（chili），僅為一個引導原則——你沒有任何道德義務必須將波布拉諾辣椒烤焦、去皮，雖然炭烤波布拉諾辣椒及剝除椒皮的確會增添風味。願意的話，也可一次準備好幾個波布拉諾辣椒，以備於其他菜餚使用，例如義式烘蛋（frittata）（234 頁）、墨西哥豆泥（refried beans）（204 頁），甚至是鷹嘴豆泥（hummus）（278 頁）。當然有時你沒這個空閒，或者波布拉諾辣椒非你所愛，又或者找不到這樣食材。

至於是否去除番茄皮，假設決定保留果皮，這種濃稠料理不太能嚐到新鮮番茄皮的存在，但若使用燜烤蕃茄，可能就需要了。

剝皮的柑仔蜜、不剝皮的卡馬豆，如前所述皆為大略的烹調原則。

假如使用乾燥豆子，先浸泡至少 6 小時。浸泡後，瀝乾及仔細清洗。

開啟大火，以烹飪鉗將每條波布拉諾辣椒直接放在瓦斯爐的爐架上，一面烤焦後，轉到另一面繼續炭烤，直到整條波布拉諾辣椒皆為焦黑。（或者將烤箱預熱至 500°F，將波布拉諾辣椒放在烘焙器皿或鑄鐵鍋裡，燜烤約 30 分鐘，每 10 分鐘翻面一次，直至每一面皆為焦黑。）將炭烤後的波布拉諾辣椒放進加蓋的盤子裡，或者放進碗裡、上方再倒扣一個碟子，靜置幾分鐘。燒熱的波布拉諾辣椒將釋放蒸氣，使椒皮變得鬆弛。用刀子刮掉椒皮後，去籽、切丁。（願意的話，也可提前一兩天準備辣椒。）

4 人份

- 1½ 杯乾燥腰豆 (kidney beans)、柯波拉紅點豆 (borlotti beans)、黑豆，或者混合豆類
- 2 條波布拉諾辣椒 (poblano peppers)
- 2 湯匙橄欖油
- 1 顆大洋蔥，切丁
- 4 顆蒜瓣，剁碎
- 1 湯匙家常辣椒粉 (homemade chili powder)（110 頁），或市售辣椒粉
- 1 湯匙孜然粉 (ground cumin)
- 1 茶匙乾燥奧勒岡 (dried oregano)
- 2 磅成熟番茄，去皮、切丁約成 4 杯或者 2 杯燜烤番茄(135 頁)
- ¾ 杯布格麥 (碾碎的乾小麥) (bulgur (cracked wheat))
- 1 茶匙鹽，或視需要加入更多
- 1 顆萊姆，榨汁，或視需要加入更多
- ¼ 杯新鮮芫荽 (fresh cilantro)，切碎

取一個大鍋，以中火熱橄欖油。加入洋蔥、大蒜，拌炒 5 至 10 分鐘，直到洋蔥變軟。加入辣椒粉、孜然、奧勒岡攪拌及續煮 1 分鐘。

轉成中火，加入番茄、波布拉諾辣椒。用木湯匙的背面將番茄搗爛，拌入豆子，再加入剛好足以覆蓋食材的水。使之沸騰後，轉成中小火，蓋上鍋蓋，燉煮 45 分鐘。

加入布格麥，持續烹煮燉辣豆醬約 15 分鐘，直到豆子及布格麥變軟。

關火，拌入鹽巴、萊姆汁，視需要加入更多。食用前，以芫荽加以點綴，願意的話，也可舀入一些酸奶油一起享用！

自製兩料酸奶油 (Two-Ingredient Homemade Sour Cream) （132 頁；非必要）

下一道食譜……

如同湯品、燉品、扁豆燉菜 (dal) 和其他馥郁的湯品菜餚，隨著不同風味融合一起，第二日燉辣豆醬將變得更加美味。記得貯存一些辣豆醬用於下道餐點！假使剩餘一些燉辣豆醬，可作為牧羊人派 (shepherd's pie) （219 頁）內餡的基底，上頭加一層拌炒紅蘿蔔或其他蔬菜，再加上一層馬鈴薯泥——voilà，一個全新的餐點就此出現！或者將燉辣豆醬持續烹煮到非常濃稠，填入手餡餅 (hand pies) 裡（依照 209 頁餡餃 (empamosas) 的作法）。

托斯卡尼農家燉豆湯 Ribollita

零廢棄大廚

廚師需要學習如何將所有食材充滿創意地納入一道佳餚裡，如同諸多深受喜愛的異國料理，這道湯品也是如此。在義大利文 ribollita 意思是「重新煮沸」。托斯卡尼的農民當天會用剩餘的蔬菜料理湯品，第二日則在鍋裡加入乾麵包、將前一日的晚餐變出新花樣，接著重新煮沸。

製作這道湯品前，快速地盤點蔬菜存貨。剩餘一把四季豆（green beans）無法擠入迪利豆（dilly beans）的罐裡嗎？找到一根單獨的防風草根（parsnip），在冰箱蔬菜保存盒裡滾動嗎？或者不知如何處理有些微皺痕的甜椒——雖然它仍具有貢獻、可食用又美味，卻因社會荒謬的期待而被冷落一旁？將這些蔬菜全都切丁，做成湯品吧！春季可加入蘆筍，夏季加入玉米，秋冬則加入南瓜（squash），讓季節決定採用的食材。

假使想將湯品變化出兩種些微不同的面貌，第一晚省略使用麵包。隔日晚餐，因為麵包可吸收的水分變少，將麵包減量加入。

假設使用乾燥的豆子，浸泡至少 6 小時後，瀝乾、仔細清洗。

取一個大型湯鍋，以中火熱橄欖油。加入洋蔥、大蒜、紅甜椒碎丁，拌炒 5 至 10 分鐘，直到洋蔥變軟。使用中火，拌入番茄，以木湯匙的背面搗碎它們。

將迷迭香、百里香、月桂葉、瀝乾的豆子、3 夸脫高湯和起司皮（如果有使用的話），加入鍋裡一起攪拌，並使之沸騰。轉成中小火，蓋上鍋蓋，持續燉煮約 1 小時，直到豆子變軟。

拌入芹菜、紅蘿蔔、皺葉甘藍、羽衣甘藍（以及其他使用的蔬菜）。

8 人份

2 杯乾燥柯波拉紅點豆（borlotti beans）、白腰豆（cannellini beans）、斑豆（pinto beans），或者 5 至 6 杯煮熟的豆子

½ 杯橄欖油

4 顆中型洋蔥，細細切碎

8 顆蒜瓣，剁碎

½ 至 1 茶匙紅甜椒碎丁

4 磅成熟番茄，去皮、切丁約成 8 杯，或者 4 杯燜烤番茄（135 頁）

2 小枝帶葉的新鮮迷迭香（rosemary），剔除葉子、切碎

2 小枝帶葉的新鮮百里香（thyme），剔除葉子、切碎

2 片月桂葉（bay leaves）

3 至 4 夸脫「零廚餘零花費的蔬菜清湯」（Save-Scraps-Save-Cash Vegetable Broth）（151 頁），製做瑞可塔（ricotta）剩餘的乳清（whey）（131 頁），水，或者混合液體

2 條起司皮（cheese rinds）（非必要）

假設使用煮熟的豆子，此時即可加入，持續燉煮約 30 分鐘。

將月桂葉及起司皮（如果使用的話）移除，加入鹽與胡椒後試味，視需要加以調味。

食用前，再加入乾硬麵包，它會吸收美味的湯汁，使之變得濃稠。想要的話，可加入一些或全部剩餘的 4 杯高湯，稀釋成個人喜好的濃稠度。

願意的話，還可撒上剛剛才刨出的起司絲一起享用！

保留廚餘 （Save Your Scraps, SYS）

倘若剩餘一些新鮮迷迭香帶葉小枝，或百里香帶葉小枝，或者兩者皆有，可做成乾燥香料。將香草清洗後，徹底擦乾。用繩子或廚房用棉線將不同種香草小枝分別綑綁成一束，倒掛在一處乾燥、陰暗的地方，例如櫥櫃。7 至 10 日後，葉子將變得乾燥而易碎，可放入罐子裡長期貯存。使用前，再壓碎它們。

4 個芹菜梗（celery stalks）及帶葉頭部，切碎

4 條中型紅蘿蔔，切丁

1 磅皺葉甘藍（savoy cabbage），去除菜芯、切碎

1 磅拉齊納多羽衣甘藍（lacinato kale）（亦稱為托斯卡納、黑羽衣或恐龍羽衣甘藍（Tuscan, black, or dino kale））

2 茶匙鹽，或視需要加入更多

1 茶匙新鮮研磨黑胡椒粉，或視需要加入更多

10 至 12 杯豐富的乾硬麵包屑，2 吋大小

任選起司加以刨絲，食用時搭配（非必要）

酸種披薩與蕃茄蒜蓉醬
Sourdough Pizza with Tomato–Garlic Sauce

我的孩子已長大成人，在他們還幼小時，我就開始烤製披薩。我用過商業酵母（commercial yeast）、丟棄酸麵種（discarded sourdough starter）、活躍酸麵種（active sourdough starter），而這道天然發酵、具有嚼勁，又充滿氣泡的酸種酥皮最為我們喜愛。如同酸種麵包（sourdough bread）一般，發酵的魔法將從三種基本材料——麵粉、水、鹽——迸發出令人難以置信的美味。

─────────── 第一日 ◇ 8 a.m. ───────────

發酵麵種（leaven）做法：取一個罐子或不起化學反應的碗，將麵粉、水和起種（starter）充分混合一起，以罐蓋或盤子蓋上。靜置於室溫下，直到發酵麵種膨脹至兩倍大。

─────────── 第一日 ◇ 2 p.m. 或更晚 ───────────

1. 麵團做法：取一個不起化學反應的大碗，混合麵粉與鹽巴，拌入溫水，以叉子盡可能地攪拌均勻。此時的麵團應非常乾硬。

2. 攪動發酵麵種以移除氣泡。用濕潤的手，將發酵麵種與麵團混合一起。

3. 將粗糙麵團倒在撒了麵粉的檯面上，搓揉約 3 分鐘直至球狀。將

3 個 10 吋的披薩

發酵麵種：

2 湯匙 (18g) 中筋麵粉 (all-purpose flour)

2 湯匙 (18g) 全麥麵粉 (whole wheat flour)

滿滿 2 湯匙 (36ml) 水

1 湯匙 (16g) 活躍酸麵種 (active sourdough starter) (117 頁)

麵團：

4 杯 (525g) 中筋麵粉 (all-purpose flour)

½ 杯 (60g) 全麥麵粉 (whole wheat flour)

1 湯匙 (15g) 粗鹽 (coarse salt)

1 ⅔ 杯 (380ml) 溫水

橄欖油，用於塗抹

蕃茄蒜蓉醬 (tomato-garlic sauce)：

⅜ 杯橄欖油

4 顆蒜瓣，剁碎

麵團放回碗裡，蓋上薄布。注意一下時間，此時標誌了基礎發酵的開始，大約會長達 3 小時。

4. 45 分鐘之後，將麵團做第一次的拉折（stretches and folds）。以濕潤的手伸進麵團底部拉開麵團，折回中心，將碗旋轉 ¼ 圈，重複伸展拉折的步驟。將上述動作再重複兩次，總共需要 4 次。（請參考 161 頁「伸展酸種麵團」的圖片，披薩麵團會較為緊實，但操作手法大致相同。）

5. 在基礎發酵的 3 小時期間，每小時重複 4 次拉折。假設做最後一次的拉折時，麵團變得太過緊實，則在發酵剩餘的時間裡，讓它靜置一旁。

------------------- 第一日 ◇ 5:15 p.m. -------------------

1. 將麵團倒在撒了薄麵粉的檯面上，以濕潤的手一邊輕柔地旋轉麵團，一邊將它的邊緣朝底部擠壓，直到捏製成相當均勻的圓球。切勿過度揉整麵團。

2. 以橄欖油塗抹碗之後，將麵團放回碗裡。翻轉麵團使得抹上些許油的底部朝上，以盤子蓋上，放進冰箱一晚，或靜置 24 小時。

------------------- 第二日 ◇ 12 p.m. -------------------

1. 以油塗抹 9×13 英吋的玻璃烘焙器皿。

2. 將麵團倒在撒了微量麵粉的檯面上，將麵團切割成 3 份。

4 顆中型成熟番茄，切丁約成 3 杯

1 茶匙乾燥奧勒岡 (dried oregano)

1 茶匙乾燥羅勒 (dried basil)

1 茶匙鹽

新鮮研磨黑胡椒粉

可隨意加入的頂層配料：

焦糖洋蔥 (caramelized onions)、嫩煎蘑菇(sautéed mushrooms)、甜椒丁、櫻桃小番茄 (cherry tomatoes)、新鮮羅勒葉 (fresh basil leaves)、芝麻葉 (arugula)、起司絲、菲達起司碎屑 (crumbled feta cheese)

3. 把每一份麵團搓揉成圓形。將麵團握在手裡，用兩手的大拇指將麵團球的邊緣拉開、朝向底部擠壓，旋轉並持續將邊緣向下拉伸和擠壓直至形成光滑的球狀。一邊旋轉麵團球時，記得一邊將底部捏在一起。稍稍壓扁麵團球。

4. 把麵團球放進烘焙器皿，麵團之間保持平均的間隔。將少量的橄欖油非常輕薄地塗抹在每個麵團球上，以免麵團上方變得太過乾燥。為使麵團發起、膨脹，將餅乾烤盤倒扣在器皿上，或以濕布覆蓋，靜置於室溫下 4 至 5 小時，或者直到麵團變得光滑、蓬鬆。

—————————— 第二日 ◇ 4:30 p.m. ——————————

1. 將披薩石（pizza stone）放入烤箱。（也可用大型鑄鐵鍋（cast-iron pan），或撒了玉米粉（cornmeal）的鐵製烤盤烘焙披薩。）將烤箱預熱至 500ºF。

2. 醬料做法：取一個大型煎鍋，以中火熱橄欖油，加入大蒜拌炒約 1 分鐘直至散發香味。加入番茄、奧勒岡、羅勒、鹽和胡椒。轉成中小火，打開鍋蓋，持續燉煮約 20 分鐘，一邊用木湯匙的背面搗爛番茄，一邊攪拌直至變得濃稠。

3. 若想做出更滑順的醬汁，可將醬料倒入攪拌機或者食物處理機。（可提前一兩天製做醬汁。）

4. 使用麵團刮刀（dough scraper），將一份麵團球移至撒了麵粉的工作檯上。用手將麵團壓成圓餅狀後，提起圓餅的一處邊緣，讓地心引力自然地伸展麵皮。旋轉麵餅數次，同時讓麵皮自然地伸展，直到麵團形成 10 吋的扁平圓形。

5. 在木製披薩板（wooden pizza peel）上撒一點麵粉，將圓形麵團放在上面。（也用一個中型砧板。）為避免披薩沾黏，迅速地在麵皮上塗抹 ¼ 杯的醬汁（想要的話，也可塗抹更多），上頭再放蔬菜及任選的起司。

6. 快速搖晃一下披薩板，以確認披薩能夠滑動。假使麵團產生沾黏，提起邊緣，在麵團下方撒上多一點麵粉。打開烤箱，在靠近烤箱後方之處，把傾斜的披薩板架在披薩石上方，使披薩能夠滑落，並將披薩板快速地從披薩底下抽離。

7. 烘焙 7 分鐘之後，將烤箱轉成燒烤模式，烤製 1 分鐘。

當披薩烘焙時，將另外兩個麵團球整型成圓形。

下一道食譜……

假使剩餘一些披薩醬汁，連同其他喜愛的披薩頂層配料，塗抹在馬鈴薯上烘焙，或者拌入一鍋的燉辣豆醬（chili）或番茄濃湯之中。

做出主食、杜絕浪費

the ZERO-WASTE CHEF

第十一章

無包裝零食與天然氣泡水

酸種脆餅與綜合貝果佐料 Sourdough Crackers with Everything–Bagel Seasoning, 263 頁

美味可口的辣味堅果 Savory Spiced Nuts, 267 頁

酥脆燜烤鷹嘴豆及普羅旺斯香料 Crispy Roasted Chickpeas with Herbes de Provence, 268 頁

香脆細薄燕麥棒 Thin and Crunchy Granola Bars, 271 頁

再來一點酸種全麥餅乾 Give Me S'more Sourdough Graham Crackers, 273 頁

爐灶爆米花配上玉米脆片起司醬 Stovetop Popcorn with Nacho Cheese Seasoning, 275 頁

醃漬檸檬鷹嘴豆泥 Preserved Lemon Hummus, 277 頁

薑汁自然發酵飲 Ginger Bug, 278 頁

辛辣薑汁啤酒 Spicy Ginger Beer, 281 頁

檸檬皮屑康普茶 Lemon Zesty Kombucha, 284 頁

特帕切氣泡發酵飲 Sparkling Tepache, 288 頁

酸種脆餅與綜合貝果佐料
Sourdough Crackers with Everything-Bagel Seasoning

看著儲藏在冰箱裡的丟棄酸種（discarded starter），想在上頭製造一個凹洞嗎？不如烘焙一批或兩批具有清脆口感、讓人容易上癮的薄脆餅乾。它嚐起來帶有起司味，卻不含任何起司。這濃烈味道源於丟棄酸種——當細菌與酵母持續食用麵粉裡的糖分，產生更多醋酸，因而賦予起種更濃郁的酸味。

薄脆餅乾與綜合貝果佐醬（everything-bagel seasoning）堪稱絕配，不過，就算在烘焙前只在餅乾上頭撒點鹽，也同樣美味可口。

佐料做法：在小碗裡，將鹽、黑白芝麻、罌粟籽、大蒜和洋蔥混合在一起。

麵粉做法：取一個不會起化學反應的大碗，混合酸麵種（sourdough starter）與油。在中型碗裡，混合麵粉、鹽與小蘇打。將乾性材料倒進濕性材料的碗裡一起攪拌。需要的話，搓揉麵粉數次，以便將所有麵粉併入其中。假如麵團非常濕黏，再加入 1 至 2 湯匙的麵粉。

將盤子倒扣於碗上，讓麵團在室溫下進行發酵長達 6 小時（見小提醒）。冷藏麵團 30 分鐘。

（假使不立即烘焙，麵團可貯存於冰箱最多 5 天。準備使用時，在室溫下回溫 15 分鐘，以利於擀製。）

將烤箱預熱至 350℉。

30 片薄脆餅乾

佐料：

1½ 茶匙片狀鹽或粗鹽
(flaked or coarse salt)

2 茶匙白芝麻 (white sesame seeds)

1¾ 茶匙黑芝麻 (black sesame seeds)

1 茶匙罌粟籽 (poppy seeds)

2 茶匙乾燥蒜末 (dried minced garlic)

1¾ 茶匙乾燥洋蔥末 (dried minced onion)

麵粉：

⅔杯 (187g) 丟棄酸麵種 (discarded sourdough starter) (117 頁)，攪拌過

滿滿 3 湯匙 (40ml) 橄欖油，或溶解過的椰子油

¾杯(100g) 全麥麵粉(whole wheat flour)，或視需要加入更多

¼ 茶匙鹽

¼ 茶匙小蘇打

在撒滿麵粉的檯面上，將麵團切成兩個半份。

開始擀製其中半份麵團。需要的話，在擀制過程中可多撒一些麵粉，以免麵團沾黏於檯面上。將麵團擀成 $\frac{1}{16}$ 英吋的厚度——在完成最後幾次的擀制前，提起麵團，把半份的貝果佐料撒在工作檯上，再將麵團放在佐料上完成 $\frac{1}{16}$ 吋厚度的擀製。確認混合佐料黏著在麵團底部後，將麵團放入未抹油的鐵製烤盤裡，沾有佐料的一面朝上。

取剩餘的半份麵團，重複以上的步驟。將它放入另一個未抹油的鐵製烤盤中。

用起酥輪刀（pastry wheel）、披薩刀（pizza cutter）或奶油刀（butter knife），將麵團切成數個長方形。烘焙 8 分鐘後，輪替烤盤的位置，繼續烘焙 5 至 8 分鐘。當薄脆餅乾變得酥脆、略呈焦糖色，便完成烘焙了。

將薄脆餅乾放在架上冷卻。（薄脆餅乾可貯存於玻璃罐中最少一週，也能以冷凍方式妥善保存。）

小提醒

可依個人喜好省略發酵的步驟。

下一道食譜……

綜合貝果佐料有非常多用途，建議可製做出 2 至 3 倍的份量。可將它撒在燜烤蔬菜（200 頁）或義式烘蛋（frittata）（234 頁）上。或者撒一些在塗抹了鷹嘴豆泥（hummus）（278 頁）的酸種吐司（sourdough toast）上。

美味可口的辣味堅果 Savory Spiced Nuts

烘焙成人口味布朗尼（Grown-Up Brownies）（293 頁），或者檸檬或萊姆凝乳（lemon or lime curd）（154 頁）之後，若剩餘一些蛋白，那麼就來快速地攪打、製做出一批酥脆可口的辣味堅果吧！這道點心充滿無限的可能性——不妨只用杏仁，或者用夏威夷果仁（macadamia nuts）、核桃、花生或綜合堅果。亦可隨意變化調味料：撒上一茶匙乾燥香蒜粒（garlic granules）、省略紅甜椒碎丁，或用一些家常辣椒粉（homemade chili powder）（110 頁）。這道食譜裡的調味料只增添些微的辣味。

將烤箱預熱至 300℉，在鐵製烤盤上塗抹一層薄薄的油。

在一個中型碗裡，攪打蛋白直至起泡。拌入孜然、芫荽籽、卡宴辣椒、紅甜椒碎丁和鹽巴。加入堅果並加以攪拌，使得堅果均勻裹上蛋白及調味料。

將堅果平鋪一層在鐵製烤盤上。烘焙 15 分鐘後，攪動以分開結塊的堅果。繼續烘焙 10 至 12 分鐘，直至堅果呈焦糖色，並擁有美好的香脆口感。

將任何沾黏在一起的堅果分開。可立即享用，或待完全冷卻後，貯存在玻璃罐裡。堅果可貯存至少一週。

3 杯堅果

1 個蛋白

1 茶匙孜然粉 (ground cumin)

1 茶匙芫荽籽粉 (ground coriander)

½ 茶匙卡宴辣椒粉 (cayenne pepper)

½ 茶匙紅甜椒碎丁

2 茶匙鹽

1 杯原生杏仁 (raw almonds)

1 杯原生腰果 (raw cashews)

1 杯原生胡桃 (raw pecans)

下一道食譜……

假如還剩一把辣味堅果，將它們切碎、撒在沙拉上，增添令人滿足的鬆脆口感。

酥脆燜烤鷹嘴豆及普羅旺斯香料
Crispy Roasted Chickpeas with Herbes de Provence

通常我會將一道晚餐裡的一些要素——煮豆子的清湯，燜烤南瓜裡的南瓜籽，或者為了拌入湯品製作的義式青醬（pesto）——延續到下一天的餐點，我稱之為佛教徒料理。

舉例來說，為了烹調「外帶鷹嘴豆馬薩拉」（takeout-style chana masala）（223 頁），既然已費力烹煮乾燥鷹嘴豆，不如煮多一點份量。當你津津有味地享用完鷹嘴豆馬薩拉，多餘的鷹嘴豆便可攪打出一份「醃漬檸檬鷹嘴豆泥」（preserved lemon hummus）（278 頁）。或者將一杯鷹嘴豆拌入明晚的沙拉，又或者加入「盛滿蘑菇與豆子，豐盛的牧羊人派」（Feed-the-Flock Bean and Mushroom Shepherd's Pie）（219頁）之中。當鷹嘴豆來到最後一期的生命，用橄欖油、佐料和一點鹽燜烤它們，此時這些豆子就功成身退地抵達鷹嘴豆涅槃。

這道食譜會需要普羅旺斯香料，它綜合了乾燥百里香（dried thyme）、迷迭香（rosemary）、甜羅勒（basil）、香薄荷（savory）、甜茴香（fennel），以及其他香草如薰衣草（lavender）。選用品質佳的普羅旺斯綜合香料，或者自己製作——這些香料是這道點心的靈魂配料。燜烤鷹嘴豆搭配爆米花的玉米脆片起司醬（nacho cheese seasoning）（275 頁），或者辣味堅果（spiced nuts）的佐料（267 頁）也同樣美味。

2 杯鷹嘴豆

1 杯乾燥鷹嘴豆 (dried chickpeas)，或者 3 杯煮熟的鷹嘴豆

2 湯匙橄欖油，或者更多以塗抹鐵製烤盤

1 湯匙普羅旺斯綜合香料 (herbes de Provence)

½ 茶匙鹽

假設使用乾燥鷹嘴豆，先浸泡至少 6 小時，瀝乾後根據 148 頁的說明烹煮（烹煮豆子的時間不定，可從壓力鍋的幾分鐘至慢燉鍋的 8 小時）。過濾及清洗鷹嘴豆。用一條乾淨的廚房擦巾摩擦鷹嘴豆直至徹底變乾，移除任何剝落的鷹嘴豆皮。

將烤箱預熱至 400℉，在有邊烤盤（rimmed baking sheet）上塗抹一層薄薄的油。

將鷹嘴豆在鐵製烤盤上平鋪一層，搖晃烤盤數次使鷹嘴豆均勻地分佈於上。

持續烘焙 15 分鐘。

在一個大碗裡，混合橄欖油、普羅旺斯綜合香料和鹽巴。

將熱鷹嘴豆小心地倒入裝了油及香料的碗裡，加以攪拌使得豆子能均勻裹上佐料。

將鷹嘴豆倒回鐵製烤盤，持續燜烤 10 至 15 分鐘，直到鷹嘴豆變得酥脆，並呈現飽滿的金黃色。

燜烤完立即享用風味最佳。（假設剩餘一些，可裝入罐裡、貯存於室溫下。）

下一道食譜......

你很可能會吃光從烤箱出爐的美味鷹嘴豆，但假使存留一些，可拌入法羅麥與羽衣甘藍沙拉（farro and kale salad）（230 頁）之中，或在燜烤的最後階段，加入燜烤蔬菜（200 頁）。

香脆細薄燕麥棒 Thin and Crunchy Granola Bars

享有更為可口的燕麥棒，同時免除獨立包裝燕麥棒的所有一次性塑膠。

為避免產生沾黏，在烘焙器皿裡鋪上、壓平燕麥混合物前，我會先撒上麵粉及抹油才進行烘焙。既然這是一本提倡不製造任何垃圾的零廢棄料理書，我當然不能告訴你在 9×13 吋的烘焙器皿裡鋪上一張未漂白、可分解的烤盤紙，以防止食材沾黏。不過假使你用了這種不推薦的烤盤紙，那麼將它做成堆肥前，請重複使用好幾次吧！

將烤箱預熱至 300℉。將一點橄欖油塗抹在 9×13 吋的玻璃烘焙器皿裡或鐵盤上。撒一點麵粉，並傾斜、搖晃器皿使得麵粉均勻分佈。（或者，在烘焙器皿裡鋪上一張烤盤紙。）

將 ½ 杯麥片放入食物處理機，研磨 30 秒以做出非常粗糙的燕麥粉。

在一個大碗裡，將剩餘的 1¼ 杯燕麥與椰子、葵花籽、混合堅果與鹽巴混合在一起。

取一個小碗，將橄欖油、堅果醬、楓糖漿和香草一起攪拌，拌入燕麥粉，再加入椰棗。

將濕性材料拌入乾性材料裡，用手將所有食材充分混合。

將燕麥混合物倒入烘焙器皿。用濕潤的手將混合物緊實地壓進器皿的每個角落，直到形成細薄、均勻的一層。用金屬量杯的底部壓平後，烘焙 15 分鐘。旋轉器皿，持續烘焙 10 分鐘，直至邊緣呈金黃色。

12 條燕麥棒

1 湯匙橄欖油，加上更多以塗抹烘焙器皿

麵粉，撒於烘焙器皿上

1¼ 杯傳統燕麥片 (old-fashioned rolled oats)

⅔ 杯無糖椰絲 (unsweetened shredded coconut)

½ 杯葵花籽 (sunflower seeds)

½ 杯切碎的混合堅果

¼ 茶匙鹽

2 湯匙「任選堅果的堅果醬」(Any-Nut Nut Butter) (145 頁) 或市售堅果醬

¼ 杯加上 1 湯匙楓糖漿 (maple syrup)

¼ 茶匙波旁街香草精 (Bourbon Street Vanilla Extract)(123頁) 或市售香草精

¾ 杯切碎的去核椰棗 (pitted date) (7 至 8 顆椰棗)

使之完全冷卻，切成長條狀並從烤盤上移除。（可貯存於室溫下的玻璃罐或容器裡，至少 5 天。）

下一道食譜……

倘若剩餘一些燕麥棒，將它們弄碎，加入任何適於燕麥的菜餚裡，例如在優格水果百匯

(fruit and yogurt parfait) 裡鋪上一層，拌入沙拉，或者撒一些在熱騰騰的烤蕃薯上。

再來一點酸種全麥餅乾
Give Me S'more Sourdough Graham Crackers

這些自製的全麥餅乾（graham crackers）微甜酥脆，具有顆粒口感，遠比任何紙盒裡的市售餅乾更加美味。

粗全麥粉含有穀物最具營養的部位——胚芽與麥麩。假如找不到粗全麥粉，可將 ⅔ 杯中筋麵粉，與少量 ⅓ 杯的麥麩、1½ 茶匙的小麥胚芽混合。假設紅糖用完了，也可以自製一些！將幾茶匙的糖蜜（molasses）拌入 1 杯的白砂糖，取出需要的份量，剩餘的可貯存於罐裡、放進櫥櫃中。

發酵麵種做法：製作餅乾麵團以前的 6 至 12 小時之間，將麵粉、水和起種在一個罐中或不起化學反應的碗裡，混合均勻，蓋上罐蓋或盤子，置於室溫下。

全麥餅乾做法：取一個大碗，將融化的奶油、蜂蜜與發酵麵種混合在一起。

在一個中型碗裡，混合粗全麥粉、全麥麵粉、鹽、小蘇打、肉桂和紅糖。

將乾性材料伴入濕性材料中直至混合，並將碗裡的麵團搓揉幾次以併入所有食材。將盤子蓋在碗上，放入冰箱冷藏至少 1 小時。

將麵團從冰箱取出，在室溫下回溫至少 15 分鐘。

將烤箱預熱至 350℉。以少量奶油薄薄地塗抹在 2 個大型鐵製烤盤上。

---

24 個全麥餅乾

發酵麵種 (leaven)：

¼ 杯 (30g) 中筋麵粉 (all-purpose flour)

¼ 杯 (30g) 全麥麵粉或斯佩耳特小麥粉 (whole wheat or spelt flour)

¼ 杯 (60g) 水

2 湯匙 (30g) 活躍酸麵種 (active sourdough starter) (117 頁)

全麥餅乾：

3 湯匙 (43g) 無鹽奶油 (unsalted butter)，融化過，再加一些以塗抹鐵製烤盤

2 湯匙 (42g) 蜂蜜

1 杯 (120g) 粗全麥粉 (graham flour)，或視需要加入更多

2 湯匙 (17g) 全麥麵粉或斯佩耳特小麥粉 (whole wheat or spelt flour)

¼ 茶匙鹽

¼ 茶匙小蘇打

在一個撒滿麵粉的檯面上，將麵團切成兩等份，每份麵團擀製成 $\frac{1}{16}$ 至 $\frac{1}{8}$ 吋厚度的長方形。視需要在工作檯上薄薄地再撒些麵粉，以免麵團沾黏於上。

將兩份麵團各別放入鐵製烤盤裡。用起酥輪刀（pastry wheel）、披薩刀（pizza cutter）或一把刀將長方形切成長 2 吋、寬 1 吋，更小的長方形。用叉子在麵團上戳洞。

烘焙 8 分鐘後，輪替烤盤的位置，持續烘焙 5 至 8 分鐘直到全麥餅乾略呈些微的焦黃色。將全麥餅乾放在架上冷卻，使之變得酥脆。冷卻後的餅乾可放入玻璃罐或容器裡，它們可在室溫下貯存至少 5 天，或冷凍庫裡數個月。

$\frac{1}{4}$ 茶匙肉桂粉 (ground cinnamon)

$\frac{1}{4}$ 杯 (49g) 紅糖

下一道食譜……

若要做出一道簡易、仿似乳酪蛋糕的甜點，它所有的食材都包含在這本料理書的食譜裡。將 3 至 4 個酸種全麥餅乾壓碎後，鋪在 8 盎司點心盤的底層，加入 $\frac{1}{4}$ 杯脫乳清酸奶 (labneh)（128 頁），上層再增添 2 至 3 湯匙的「薄煎餅與鬆餅的快速莓果醬」(quick berry pancake and waffle sauce)（171頁）。

爐灶爆米花配上玉米脆片起司醬
Stovetop Popcorn with Nacho Cheese Seasoning

爆米花為零廢棄食物中的一員。一旦你的廚房禁止塑料包裝，基本也就禁止了洋芋片、玉米泡芙（cheese puffs）和微波爆米花（microwave popcorn），這些加諸於自己身上的限制看似艱難，實際上卻引出許多更可口、更便宜、更健康，以及源源不絕的爐灶爆米花（stovetop-popped popcorn）。

如果你烹調鷹嘴豆馬薩拉（chana masala）（223 頁）或托斯卡尼燉豆湯（ribollita）（252 頁）時將番茄去皮，並且保存了番茄皮，以免引發一陣「零廢棄罪惡感」症候群（zero-waste guilt syndrome），那麼這道食譜便為你提供了解決妙方！將番茄皮烘乾，放入香料研磨機碾磨並加入其餘佐料，拌入帶有起司口味、「絕無廚餘、只想更多」的爆米花之中享用，它的美味將令你回想起某個與「莫西多」（mojito）押韻、叫做「什麼多」的零食。

倘若只加鹽巴，爐灶爆米花同樣美味。假設省略了佐料，那麼在爆開爆米花時，直接將鹽加入鍋中即可。

在一個香料碾磨器（spice mill）或小型攪拌機裡，混合磨碎的番茄皮、具有營養的酵母、鹽、大蒜、洋蔥、孜然、辣椒粉、薑黃、辣椒芯與辣椒籽（如果有使用的話），加以研磨。視需要刮下機器周邊的材料，持續研磨直到所有食材混合均勻。

3 人份

1 湯匙研磨過的烘乾番茄皮（見小提醒）

3 湯匙具有營養的酵母

1½ 茶匙鹽

1 茶匙香蒜粒（granulated garlic）

1 茶匙粒狀洋蔥粉（granulated onion）

1 茶匙孜然粉（ground cumin）

½ 茶匙家常辣椒粉（homemade chili powder）（110 頁），或市售辣椒粉

½ 茶匙薑黃粉（ground turmeric）

1 條賽拉諾辣椒（serrano pepper）的辣椒芯與辣椒籽（非必要）

2 湯匙椰子油，融化過，或者 1 湯匙融化的椰子油加 1 湯匙橄欖油

½ 杯爆米花原仁（popcorn kernels）

零廢棄大廚

取一個大型鍋具，放入油及爆米花原仁，蓋上鍋蓋，開啟大火，並經常搖晃鍋子。當爆米花原仁開始爆開時，僅需一兩分鐘即可爆完。

立即將爆完的米花倒入足以充分攪拌的大碗裡。撒上 3 至 4 湯匙的佐料，試味後，再加以攪拌直到爆米花均勻裹上調味料。

小提醒

要烘乾番茄皮，將烤箱預熱至 200℉。在鐵製烤盤上放置烘焙冷卻架，再將番茄皮平鋪一層在架上。烘焙番茄皮 2 時，或直到完全烘乾。待番茄皮冷卻後，放入香料碾磨器或小型攪拌機裡研磨。（為節省時間，可一次烘乾大量的番茄皮，然後將磨碎的番茄皮放入罐裡、與其他香料一同擺放。）

下一道食譜⋯

除非多爆出一鍋爆米花，你現在手邊應有剩餘的佐料，將它加入辣味堅果（spiced nuts）（267頁）或燜烤鷹嘴豆（roasted chickpeas）（268頁）。

醃漬檸檬鷹嘴豆泥 Preserved Lemon Hummus

你會發現減少家庭廢棄物與攝取鷹嘴豆泥（hummus）成反比：製造越少垃圾，便食用越多的鷹嘴豆泥。這有點像「先有雞還是先有蛋」的謎團——到底是食用很多鷹嘴豆泥，所以減少了廢棄物？還是減少廢棄物導致增加鷹嘴豆泥的食用量？如同我那嚴格的天主教母親曾教導我，有些神秘事物原本就不是我們所能理解的。

假如使用乾燥鷹嘴豆，先浸泡至少 6 小時。瀝乾後，根據 148 頁的說明烹煮。過濾及分別貯存鷹嘴豆與煮豆子的水。

將鷹嘴豆、中東芝麻醬、橄欖油、大蒜、醃漬檸檬、鹽漬檸檬罐裡的汁液、新鮮檸檬汁、孜然、卡宴辣椒、¾ 茶匙鹽放入食物處理機研磨至平滑均勻。

加入 2 至 4 湯匙煮鷹嘴豆的水以稀釋鷹嘴豆泥，一次加入 1 湯匙，直至達成理想的濃稠度。試一下佐醬即可食用。將剩餘的部分儲存在冰箱裡，醃漬檸檬鷹嘴豆泥可貯存至少一週。

無包裝零食與天然氣泡水

Plant-Forward Recipes and Tips for a Sustainable Kitchen and Planet

3 杯醃漬檸檬鷹嘴豆泥

1 杯乾燥鷹嘴豆；或 3 杯煮熟的鷹嘴豆 (chickpeas)，連同煮豆子的水

2 湯匙中東芝麻醬 (tahini)

2 湯匙橄欖油

2 顆蒜瓣

½ 個醃漬檸檬（pre-served lemon）(107 頁)，去籽

2 湯匙醃漬檸檬汁

3 湯匙新鮮檸檬汁

1 茶匙孜然粉 (ground cumin)

⅛至 ¼ 茶匙卡宴辣椒粉 (cayenne pepper)

¾ 茶匙鹽，或視需要加入更多

下一道食譜……

將剩餘的鷹嘴豆泥用一些橄欖油、些微檸檬汁、一點煮豆子的水（或水）加以稀釋，做成鷹嘴豆沙拉醬。拌入切丁的黃瓜、番茄、甜椒、紅洋蔥 (red onion) 或其他蔬菜。

薑汁自然發酵飲 Ginger Bug

零廢棄大廚

薑汁自然發酵飲（ginger bug）是一個只需生薑、糖和水（以及時間）製作出的發酵液，它可發酵出各種天然氣泡水，例如辛辣薑汁啤酒（Spicy Ginger Beer）（281 頁）。不同於需要活菌才能釀造的康普茶（kombucha）（284 頁），當你製做薑汁自然發酵飲，你同時也培養出活菌。請容我徐徐道來：製作薑汁自然發酵飲時，你會需要培養生薑上（以及手上、空氣中）的細菌和酵母，照看著發酵液的養成 —— 類似於微生物的助產士。一旦薑汁自然發酵飲的懷孕期結束 —— 僅僅需要 5 天 —— 你可愛的小發酵物就準備好發酵出美味的天然汽水。而且它們繁殖的速度可快了！

開始動手前，請記下筆記！請確認在這道食譜裡，你用的是有機生薑。在製造所有發酵食物中，我只有一次沒有辦法啟動發酵，那時使用的是醃漬生薑（pickled ginger）。過些時日，我在山鐸‧卡茲（Sandor Katz）的《發酵聖經》（The Art of Fermentation）裡讀到，非有機的生薑可能被輻照過，而滅除了細菌和酵母。自那時起我只用有機生薑，就再也沒有什麼問題了。

將生薑與糖放入乾淨的罐子裡。注入水後，激烈地加以攪拌。用一小塊透氣的布蓋住罐口，再用繩子或橡皮筋固定，以免污染物進入，同時使得空氣能夠流通。避免使用細薄的起司紗布（cheesecloth），選用較為緊密編織的布料。將罐子置於室溫下。連續 5 天每日餵養薑汁自然發酵飲一次，每天加入 1 湯匙的薑和 1 湯匙的糖，並於飼養後大力攪拌。

1½ 杯薑汁自然發酵飲

啟動：

1 湯匙刨碎或細細剁碎的有機生薑，去不去皮皆可

1 湯匙白砂糖 (granulated sugar)

1½ 杯水

每日飼養：

1 湯匙刨碎或細細剁碎的有機生薑，去不去皮皆可

1 湯匙白砂糖 (granulated sugar)

你的發酵物會開始形成氣泡、散發酵母味,液體呈現混濁黃色,汁液上方可見一些薑末漂浮,而底部則沉澱著白色酵母。假如廚房溫度較低,則可能需要長一點時間發酵,你得有點耐心。

使用薑汁自然發酵飲時,過濾出需要的容量(如½杯)。移除液體後,將同等份量的水加入罐子,並每日持續以薑和糖來餵養發酵液。

過濾液體時,同時移除幾湯匙的生薑碎屑,以保持罐裡適當的液體容量。這些碎屑可用於需要薑末的食譜之中,亦可冷凍起來備用。

培養好的薑汁自然發酵飲,可置於廚房的檯面上,但仍需每日餵養。願意的話,此時可移除封罐的布料,以罐蓋蓋上。

若想暫緩每日飼養的行程,將蓋好的罐子放進冰箱。每週從冰箱取出薑汁自然發酵飲一次,放在室溫下餵養薑和糖,持續置於室溫下 1 至 2 小時回溫,然後再放回冰箱——除非你想拿它來製做飲品!

固定飼養的薑汁自然發酵飲能使用好幾個月,持續做出發酵飲品。一些日子之後,它可能會開始帶有酒味,這就代表是時候要製做新的薑汁自然發酵飲了。

下一道食譜⋯⋯

很可能接著你會想做辛辣薑汁啤酒 (spicy ginger beer) (281 頁),薑汁自然發酵飲也可用來發酵有加糖的草本茶或果汁。從薑汁發酵飲過濾出¼至½杯液體,加入 4 杯含糖的草本茶或果汁裡。倒進瓶子中,置於室溫下兩天或更久,然後放進冰箱以遏止發酵。記得至少每兩天打開罐子排氣,以釋放二氧化碳在罐裡持續累積所產生的壓力。

辛辣薑汁啤酒 Spicy Ginger Beer

薑汁啤酒（ginger beer）近似成人喜愛的薑汁汽水（ginger-ale），它的辛辣後勁能帶給喉嚨後方一種舒適的灼熱感。雖然所有發酵食品皆含有一些酒精成分，但如果在 2 至 3 天後便停止發酵，薑汁啤酒通常只含有微乎極微的酒精含量（見小提醒）。我個人則偏好讓薑汁啤酒發酵一週至 10 天——有時甚至更長，如此它便含有一定的酒精含量，但又少於一瓶啤酒。

要製做薑汁啤酒，首先得做出能發酵飲品的發酵液——薑汁自然發酵飲（ginger bug）（278 頁），令平凡無奇的材料轉變為辛辣、具有氣泡的飲料。

我製做的薑汁啤酒通常充滿大量的氣泡。假設沒有任何扣式密封瓶（flip-top bottles with tight seals），選用能緊密蓋上的罐子如梅森罐（mason jars）也足以令飲品在發酵時產生碳酸作用。不論使用扣式密封瓶、螺蓋瓶（screw-top bottles）或梅森罐，記得每一兩天就為薑汁啤酒排氣，以釋放罐裡累積的氣壓。

遵循這個比例來增加或減少飲品產量——1 杯糖：8 杯薑水：½ 至 1 杯薑汁自然發酵飲。

將生薑及水放入中型鍋具裡，以大火煮沸後，轉成中小火，持續燉煮約 15 分鐘。

燉煮薑時，攪伴薑汁自然發酵飲，連同沈澱在底部的白色物一同攪動，使得酵母能進入飲品之中。從薑汁自然發酵飲過濾出 ½ 至 1 杯液體。

9 至 10 杯薑汁啤酒

1 個 6 吋約 4 盎司的有機生薑（願意的話可削皮），切成⅛吋的薄片

3 杯水

½ 至 1 杯從薑汁自然發酵飲 (Ginger Bug) (278 頁) 過濾出的液體

1 杯糖

1 杯新鮮檸檬汁 (非必要)

依據廚房的環境以及薑汁自然發酵飲的活性，½ 杯應足以釀造出具有大量氣泡的飲料。

將燉煮的薑屑過濾，並保存薑水。此時水分大約會剩下最初的一半。

取一個大碗（最好帶有尖嘴以利於傾倒液體），將糖與薑水混合，並攪拌直至糖溶解。將 6 至 7 杯的室溫水加入碗裡，使水分總量為 8 杯。讓混合物能夠完全冷卻，以免熱度減除薑汁自然發酵飲裡的微生物，導致薑汁啤酒無法發酵。

加入薑汁自然發酵飲的液體，加入檸檬汁（如果有使用的話）。

用漏斗將混合物倒進數個乾淨的扣式密封瓶裡，蓋上瓶子。將它們置於室溫下 2 至 3 天，乃至長達 10 天。薑汁啤酒發酵的時間越長，甜度就會越低。每一兩天，將瓶子稍微打開排氣，以釋放一些瓶裡累積的二氧化碳。假如打開瓶子時，沒有聽到嘶嘶聲，或者瓶蓋感覺不到氣壓，就減少排氣的頻率。（若過於頻繁排氣，可能會釋放過多的二氧化碳，導致氣泡的流失。不過如果瓶裡的氣壓有如直衝天花板一般的強勁，試著蓋上瓶子，並增加排氣的頻率，太多的二氧化碳會增加氣爆發生的風險。）假設有一個陰涼的車庫，將瓶子放在瓦楞紙箱裡、貯存於車庫中，以免氣爆的發生。我從未有任何一個瓶子爆炸過，但它的確可能發生，所以我都會將瓶子放進紙箱裡。

當薑汁啤酒達到你個人喜好的飲用風味，將瓶子放進冰箱裡冷藏。薑汁啤酒可貯存於冰箱內數月，但細菌和酵母會繼續緩慢地食用糖分，令飲品的甜度持續降低、增加碳酸化。假使冰箱存有薑汁啤酒的瓶子，每兩週將它們排氣一次。

小提醒

倘若你是在佛羅里達濕漉漉的潮濕夏天釀造薑汁啤酒，氣溫高達華氏三位數，而廚房如同烤爐一般，在你將飲品放入冰箱以減緩發酵之前，它可能就已經迅速地發酵、轉變為酒品。

下一道食譜……

過濾液體以製做薑汁啤酒時，從薑汁自然發酵濾出的生薑碎屑能有諸多用途。我會將它們用在需要薑末的食譜之中，例如「餡餃與芫荽酸甜醬」（empamosas with cilantro chutney）（209 頁）、扁豆燉菜（cauliflower and potato dal）（244 頁）、「客製化熱炒佐花生醬」（peanut sauce stir-fry）（205 頁）。如此便能縮短準備食材的時間，同時用完手邊的薑屑。

檸檬皮屑康普茶 Lemon Zesty Kombucha

能泡出一壺茶，就代表你已經擁有釀製康普茶必要的技術。康普茶是一種透過活菌進行天然發酵的茶飲，它就如同其他發酵食品，現今再度蔚為風潮。釀製康普茶必須先找到能發酵茶飲的紅茶菌膜——細菌與酵母菌的共生組成。

要獲取紅茶菌膜，可上廣告網站「克雷格列表」（Craigslist）、社群媒體平台「鄰里社交網」（Nextdoor）、地方社群媒體「什麼都不買」（local Buy Nothing Group），或者臉書商店（Facebook Marketplace）尋找。若紅茶菌膜繁殖迅速，你可能就會碰到有人卯盡全力地推銷幾個紅茶菌膜。

除此之外，也可嘗試自己培養紅茶菌膜。買一瓶原味、優良品質的天然康普茶，將數英吋高的茶倒進一個寬口罐裡，用一塊透氣的布料封住罐口。大約一週後，一層薄薄的紅茶菌膜可能就會開始在液體上方形成。當它的厚度約 ¼ 吋時，即可拿來釀製康普茶。或者，上康普茶網站（Kombucha Kamp（kombuchacamp.com）購買，或至網路商店平台（Etsy（etsy.com））選購。

一旦有了紅茶菌膜，選用來自茶樹的茶類，如紅茶、綠茶、烏龍、白茶，或普洱茶，來釀茶。不要使用草本茶，或含油的茶（如格雷伯爵茶（Earl Grey with bergamot）），或者已調味的茶（如香草口味）來釀製——紅茶菌膜可能無法在其中發酵而壞死。另外，如果使用蜂蜜或龍舌蘭（agave），你的紅茶菌膜可能會喜歡它們，但也可能會如同加入甜菊糖（stevia）一樣，快速地消損。初步嘗試釀製時，使用真糖來提升茶

2 罐 16 盎司的康普茶（kombucha）

1 大匙的散裝茶葉（紅茶、綠茶、烏龍、白茶、普洱，或者茶葉組合）

1 杯滾水

½ 杯白砂糖（granulated sugar）、天然蔗糖（sucanat）、原蔗糖（rapadura），或椰糖（coconut sugar）

3 至 4 杯室溫水

½ 杯上次釀製的康普茶，或者 2 湯匙含活性菌母的未過濾蘋果生醋（raw apple cider vinegar）（如布拉格（Braggs）有機蘋果醋）

1 個紅茶菌膜（SCOBY）

2 茶匙的檸檬皮屑（lemon zest）

的甜度，適宜的糖會餵養紅茶菌膜中的細菌和酵母菌。當培養出紅茶菌膜之後，你可以再大膽地實驗不同的糖類，但如果產生反效果，就得重新培養紅茶菌膜。

康普茶趨近發酵完成的最後一、兩週之內，便可為它調味，以及將它倒入瓶中促進碳酸作用。扣式密封瓶（flip-top bottles）是增加碳酸氣體的最佳容器。準備 2 個 16 盎司容量的瓶子（或 1 個 32 盎司的瓶子）以做出這道食譜的 4 杯康普茶。

這道食譜亦需要一個常被忽略的調味料——檸檬皮屑，我幾乎都會收藏一小撮在冷凍庫裡。也可用新鮮水果、果汁，或者香草來調製康普茶的口味——用不同組合去實驗吧！此處的食譜源自於《發酵聖經》（The Art of Fermentation），山鐸・卡茲（Sandor Katz）的食譜。

在濾茶球或浸煮器（infuser）裡裝滿散裝茶葉，放入一個壺器、茶壺，或耐熱玻璃量杯中，並倒入滾水。茶的顏色變深、茶味濃郁時，便可移除濾茶球。加入糖，攪拌直至溶解。

在可容納 6 至 8 杯液體的寬口罐中，倒入室溫水，拌入含糖的茶。

當茶冷卻至室溫時，倒入發酵過的康普茶。這個步驟可以抑制壞菌及黴菌的生長。（切記不要把活菌加入熱茶中，熱度會殺死菌種，導致你的康普茶無法發酵。）

輕柔地將紅茶菌膜放進罐子裡，一開始它可能會下沈，但應該還是會浮在表面上。（再次強調：永不將紅茶菌膜放進熱茶裡。）用一塊透氣、

緊密編織的布料密封罐口，以防止污染物進入罐中。

　　將康普茶放在一個溫暖、無陽光直射，空氣又流通之處。華氏 75 到 80 度（攝氏 24 到 27 度）是最佳釀製的溫度。當它進行發酵時，顏色將會變淺。5 天之後打開來品嚐味道。如果想要酸一點的口味，就讓康普茶持續發酵，並每天試味。如果味道變得過酸，下次就要早點停止發酵了。

　　透過漏斗，將 1 茶匙的檸檬皮屑加入每個瓶子裡。倒入康普茶時，漏斗中剩餘的檸檬皮屑便會隨之進入飲品中。

　　移除罐裡的紅茶菌膜，將它放置一旁並加蓋保存，以免被污染。

　　攪拌罐裡的康普茶使酵母菌平均分佈，並取出 ½ 杯的康普茶，作為下次釀製使用。透過漏斗，將剩餘的康普茶倒入瓶中使之低於瓶頸，高度不要高於瓶頸處。蓋上瓶子。

　　康普茶裡的細菌與酵母菌會食用糖份並釋放二氧化碳，進行碳酸化。氣體的增長可能導致壓力過大而引起氣爆，為避免可能發生的災難，將瓶子放在櫥櫃或紙盒中。每一、兩天稍微打開瓶口，釋放瓶裡的氣體。大約兩天之後，將瓶子放進冰箱冷藏，發酵會因而減緩但不會停止。兩週之內茶飲的甜味就會變得越淡，酸味越濃。

　　當你擁有紅茶菌膜及所存置 ½ 杯的康普茶，表示你已經準備好開始釀製下一批的康普茶了！

紅茶菌膜旅館（SCOBY Hotel）

有時你可能感到需要暫緩釀製、休息片刻，你的紅茶菌膜不像寵物一般需要一天 24 小時的照顧。你可以把它放進紅茶菌膜旅館——個讓紅茶菌膜可以停止發酵，放鬆度假的去處。

要製造出紅茶菌膜旅館，在一個大的罐子裡準備茶水——如同釀製康普茶一樣——然後加入所有的紅茶菌膜。像之前那般用布封住罐口，把紅茶菌膜旅館放在架子或檯面上。紅茶菌膜可靜置好幾週，端視你廚房的環境而定。（我的菌膜們一般會放上 8 週左右。）假如紅茶菌膜旅館中的康普茶變少，加入少許最新釀製的康普茶。當你想再度進入釀製康普茶的節奏裡，移除 1 至 2 個紅茶菌膜來做出新一批的康普茶。

紅茶菌膜在旅館中的假期即將結束時，康普茶會變得非常酸，此時你的活性紅茶菌膜需要一些食物來繼續存活。為他們做一個新的旅館吧！

下一道食譜……

糟了！你忘了康普茶正在發酵，但它已經變得太酸、難以入口。恭喜你！此次的康普茶釀製並非徒勞無功，你成功地釀製出非常棒的醋。這些醋可拿來做辣椒醬（hot sauce）（103 頁）、芥末醬（144 頁），以及用於其他需要蘋果醋的食譜。

特帕切氣泡發酵飲 Sparkling Tepache

切開新鮮鳳梨、享用完它甜美的果肉之後，剩餘的碎屑可拿來製作這道具有水果風味、清新香甜又充滿氣泡的特帕切發酵飲（tepache）。如同許多發酵食品，特帕切發酵飲幾乎可說是自然形成——只要將鳳梨果皮、鳳梨芯切片，連同糖和水放入一個大罐子裡，偶爾攪拌，然後等待混合物在 2 至 5 天之內吐出充滿生命力的氣泡。將它過濾，願意的話可倒入瓶子裡貯存，在冰涼時享用。

切除鳳梨皮，保存一塊大片的果皮以助於浸泡其他小型鳳梨皮切片。（保留存餘的鳳梨果肉，以作為其他用途。）

將糖、水放入容量為 1 加侖的寬口玻璃罐裡，充分攪拌使糖能夠溶解。將鳳梨皮放進罐子中，依次放入小型果片、保存的大片果皮，大片果皮上再放一個小罐子。小罐子能助於壓擠內容物，使果皮完全浸泡於液體中，同時阻礙黴菌的生長。為避免污染物進入罐裡，用一塊透氣的密織布緊實封住罐口，將罐子置於室溫下。

每日攪拌及品嚐，特帕切發酵飲會在 1 至 5 天之內產生大量的氣泡。當它達到你喜愛的風味，要享用特帕切發酵飲之前，先將它過濾、倒入乾淨的瓶子裡，並放入冰箱冷藏。保存果皮以釀製出第二批飲品（見小提醒）。特帕切發酵飲能在冰箱裡貯存好幾個月，但完成後立即飲用風味最佳。假使冰箱存有特帕切發酵飲的瓶子，每兩個月排氣一次。

小提醒

因為果皮含有農藥殘留物，如同本書其他需要果皮的食譜一樣，製作這道飲品請選用有機鳳梨。

8 杯特帕切發酵飲

1 顆大型有機鳳梨（見小提醒）

1 杯糖，最好選用非精製糖，例如紅糖、原蔗糖（rapadura）或粗糖（jaggery）

8 杯水

下一道食譜……

• 存有甜味的果皮可拿來做第二次釀製與另一批特帕切發酵飲。第一次的釀製會降低果皮的含糖量與風味，因此我會將第二次釀製的濃度提高。將第一次釀製的飲品過濾後，把 ½ 杯糖與 4 杯水加進罐裡，充分攪拌，再加入鳳梨果皮。上批飲品繁殖出的細菌和酵母菌已棲居於果皮上，因此第二次釀製的發酵時間會非常短促。依據廚房的溫度，通常一天之內便可完成發酵。

• 且慢，還能做出其他食品！根據 113 頁的說明，進行第三次釀製以製作碎末醋。

the ZERO-WASTE CHEF

第十二章

低廢棄甜點，只為了信念！

成人口味布朗尼 Grown-Up Brownies, 293 頁
法式水果酥派 Flaky Fruit Galette, 297 頁
隨意水果奶酥甜點 Any-Fruit Crunchy Crumble, 299 頁
新鮮無比南瓜派 The Freshest Pumpkin Pie, 301 頁
巧克力椰香馬卡龍 Chocolate-Dipped Coconut Macaroons, 304 頁
墨西哥熱巧克力麵包布丁 Mexican Hot Chocolate Bread Pudding, 306 頁

成人口味布朗尼 Grown-Up Brownies

研發這道食譜時，我將樣品拿給親友品嚐，他們通常會先問道：「為什麼要用酸麵團（sourdough）來做布朗尼？」有些人甚至表現出我該進行「酸麵團介入治療」了，其他人則會疑惑還有什麼食物是我不會放入酸麵團的？（關於這個問題，我肯定答案只有一個。）一旦嚐過這些布朗尼，他們便改口驚歎：「為什麼不用酸麵團做布朗尼？」接著詢問：「還有更多嗎？」

倘若你喜歡黑巧克力，你一定會喜歡這道甜點。假如你喜愛的是黑巧克力搭配一杯紅酒，你可能會覺得：正合我意！比起一般的布朗尼，這些布朗尼的甜度較低，而酸麵種則賦予它少許的濃烈香氣。假如你偏好更濃郁的風味，讓活躍、冒泡的發酵麵種持續發酵幾個小時再開始料理布朗尼。

發酵麵種做法：即將烘焙前的 6 至 12 小時之間，將麵粉、水、起種在一個罐子裡，或不會起化學反應的碗裡充分混合，以罐蓋或盤子蓋上，置於室溫下。

將烤箱預熱至 350℉。在 9 英吋的正方形烤盤上，塗上大量的奶油（見小提醒）。

布朗尼做法：將巧克力及奶油在一個雙層鍋（double boiler）裡緩緩融化。（如果沒有雙層鍋，將 2 英吋的水倒入小型鍋具，使之慢慢沸騰。將巧克力及奶油放進耐熱玻璃碗或金屬碗裡，放置於緩緩滾動的水上——但不要碰觸到水。）攪打直至平滑均勻後，從瓦斯爐上移開。

16 個 2 吋大小的布朗尼

發酵麵種：

¼ 杯 (30g) 中筋麵粉 (all-purpose flour)

¼ 杯 (33g) 全麥麵粉或斯佩耳特小麥粉 (whole wheat or spelt flour)

¼ 杯 (59ml) 水

2 湯匙 (30g) 活躍酸麵種 (active sourdough starter) (117 頁)

布朗尼：

1 杯加上 2 湯匙 (200g) 半甜巧克力豆或苦甜巧克力豆 (semisweet or bittersweet chocolate chips)

中筋麵粉 (all-purpose flour)，輕薄地撒在烤盤上

½ 杯 (1 條或 114g) 無鹽奶油 (unsalted butter)，加上更多以塗抹烤盤

⅔ 杯 (132g) 糖

¾ 茶匙 (5g) 鹽

¼ 杯 (21g) 無糖可可粉 (unsweetened cocoa powder)

在一個大碗裡，將糖、鹽、可可粉一起攪拌。加入蛋、蛋黃和香草，攪打直至平滑均勻。拌入融化的巧克力，再加入發酵麵種——因為發酵麵種有些緊實厚重，你會需要幾分鐘將它們混合一起。如果想要的話，亦可拌入堅果。

把麵糊放入準備好的烤盤上，將麵糊表面撫平。將烤盤放入烤箱中間一層的烤架上，烘焙 35 至 40 分鐘，直到叉子插入中央取出時，不會有任何麵糊黏在上面。讓布朗尼在烘焙冷卻架上完全冷卻後，再進行切割及食用。之後放入玻璃罐裡貯存。布朗尼可於室溫下貯存至少 3 天，或者在冷凍庫幾個月。

小提醒

因為這是本零廢棄料理書，我烘焙時並不會將烤盤紙 (parchment paper) 鋪在烤盤上，雖然烤盤紙的確會讓黏乎乎的布朗尼更容易從烤盤上拿起來。假如你要使用烤盤紙的話，請選擇未漂白、可分解的品牌 (unbleached, compostable brand)。

---

1 顆大雞蛋，加上 2 個蛋黃

1½ 茶匙波旁街香草精 (Bourbon Street Vanilla Extract) (123頁) 或市售香草精

½ 杯 (54g) 核桃，切丁、烘烤過 (非必要)

保留廚餘 (Save Your Scraps, SYS)

打著避免廚餘的名號，剩餘的蛋白可接著烘焙出椰香馬卡龍 (coconut macaroons) (304頁)。假使不想立即使用蛋白製作食品，它們可用冷凍的方式妥善保存。

法式水果酥派 Flaky Fruit Galette

法式水果酥派（fruit galette）是初學水果派的通行證。假如烘焙西點讓你感到恐懼，不如從這個質樸的甜塔開始。製冷藏過的西點麵團，將水果放在中央，折起麵團邊緣，稍微覆蓋過內餡，讓大部分的水果是露出來的狀態，再進行烘焙。然後看著家人或賓客大口享用這道美味的甜點，你將會陶醉在他們的讚美聲中。

如同 299 頁的水果奶酥（fruit crumble），各種水果都適用於這道食譜，例如蘋果、漿果、桃李等核果家族（stone fruit）等等，所以不用特地跑去商店購買更多水果，使用手邊現成的水果就可以！如果可以的話，可提前一兩天製做西點。

在一個撒滿麵粉的檯面上，將西點麵團擀製成 14 英吋的圓形，約 ⅛ 吋的厚度。將麵團放在鐵製烤盤或大型的鑄鐵鍋裡。

取一個中碗，將水果與檸檬汁一起攪拌。

在小碗裡，將麵粉、糖、肉桂、肉荳蔻和鹽一起混合。將混合物加入水果之中，加以攪拌直至充分混合。

將水果的混合物塗抹在麵皮中央，麵皮邊緣保留 2½ 英吋的窄邊。輕柔地折起麵皮的邊緣，稍微覆蓋到餡料，沿著邊緣一邊折疊、輕壓，做出 2 吋寬的窄邊，大部分的水果將會在麵皮中央裸露著。

將雞蛋和水一起輕輕攪打，以做出蛋液（如果有使用的話）。在麵皮邊緣刷上蛋液。

---

8 人份

1 份「無所畏懼西點」 (No-Fear Pastry) (119 頁)，冷藏過

5 杯新鮮水果，切丁

1 個檸檬，榨成約 2 湯匙檸檬汁

¼ 杯 (34g) 中筋麵粉 (all-purpose flour)

¾ 杯 (150g) 糖

⅛ 茶匙肉桂粉 (ground cinnamon)

⅛ 茶匙肉荳蔻，研磨成粉 (grated nutmeg)

一小撮鹽巴

1 顆大雞蛋，輕輕攪打過，加上 1 茶匙的水（非必要；見小提醒）

將法式酥派先放入冷凍庫 10 分鐘，或冰箱內冷藏 30 分鐘。

將烤箱預熱至 375°F。

烘焙法式酥派 40 至 50 分鐘，直到形成金黃色的酥皮。剩餘的甜點可用一個大型的盤子或碗倒扣覆蓋，可保存於室溫下約兩天。

小提醒

假如你是素食者，可省略蛋液（egg wash）。

保留廚餘 （Save Your Scraps, SYS）

假設你在法式薄餅上刷了蛋液，你手邊或許還剩下一些沒有用到的部分。若不立即使用它，可放入小型的寬口罐裡冷凍。需要使用時——例如用於義式烘蛋（frittata）（234頁）——可在前一晚放進冷藏庫底部的架上解凍。

隨意水果奶酥甜點 Any-Fruit Crunchy Crumble

水果奶酥可以用手邊各種水果製作——蘋果、漿果、櫻桃、桃李等核果家族（stone fruit）、大黃（rhubarb）或綜合水果，而且你一定也不會想浪費這些豐盛的水果，所以你有這個責任來烘焙和享用這道甜點。我們都必須做應該做的！

讓我為你高效率的零廢棄廚房，提供這道食譜的流程：提前準備一份堅果或種子奶，存留 ¼ 杯堅果泥以製作甜點的頂層配料。將配料放進透明的玻璃罐裡，以提醒自己它的存在。然後放入冰箱貯存幾天。當你想要迅速做出這道甜點時，就已經完成一半的準備工作了。將水果切丁、放在烘焙器皿裡，把配料撒在上方，然後烘焙。

將烤箱預熱至 350ºF。

在一個大碗裡，將水果與檸檬汁一起攪拌，加入 ¼ 杯的麵粉、¼ 杯的白砂糖。將水果排放在 9 吋的玻璃烤派盤（glass pie plate）裡。

將剩餘 ½ 杯的麵粉、燕麥、堅果或種子泥、剩餘 2 湯匙的白砂糖、紅糖、肉桂、肉荳蔻和鹽，在一個中碗裡混合。以酥皮切刀（pastry blender）或兩把刀子拌入奶油，直到配料變成粗糙顆粒狀，拌入堅果。

將奶酥混合物撒在水果餡料上方。烘焙約 25 分鐘直到頂層配料呈金黃色、水果軟化，且果汁產生氣泡。吃剩的甜點可用一個大盤子或碗倒扣覆蓋，貯存於室溫下約 2 天。

8 人份的水果奶酥

5 杯新鮮水果，切丁

1 顆檸檬，榨成約 2 湯匙檸檬汁

¾ 杯 (101g) 中筋麵粉 (all-purpose flour)

½ 杯 (54g) 傳統燕麥片 (old-fashioned rolled oats)

¼ 杯 (45g) 零廢棄堅果種子奶 (No-Waste Nut or Seed Milk) (125 頁) 的堅果泥，或者 2 湯匙 (13g) 無去皮杏仁粉 (almond meal)

6 湯匙 (75g) 白砂糖 (granulated sugar)

¼ 杯 (25g) 紅糖 (brown sugar)

⅛茶匙肉桂粉 (ground cinnamon)

⅛茶匙肉荳蔻，研磨成粉 (grated nutmeg)

一小撮鹽

4 湯匙 (½ 條；57g) 無鹽奶油 (unsalted butter)，或者 ¼ 杯椰子油，已融化

¼ 杯 (33g) 烘焙過的堅果，切碎

下一道食譜……

若是烘焙蘋果奶酥，利用蘋果皮及蘋果核來釀造一批碎末醋（scrap vinegar）（113頁）。完成的醋品可拿來烹調或清潔——為自己節儉的美德與自給自足的能力感到驕傲吧！

新鮮無比南瓜派 The Freshest Pumpkin Pie

一旦嘗過使用新鮮南瓜與新鮮的薑烘焙出的南瓜派，你就回不去了——這兩種口味混合起來的美味將令你深深著迷。當親友品嘗第一口後，不要驚訝於你將被指派為感恩節大餐中，南瓜派的專任烘焙師。我有義務告訴你可能會發生這種事。

如同這本書裡的許多食譜，可依照你的偏好分階段料理這道甜派。事先製作出南瓜泥，冷凍或冷藏起來直到準備烘焙甜派。亦可提前一兩天擀製派皮——哎，把派皮也冷凍起來吧！當突然生起想吃南瓜派的渴望，你只要將食材組合起來，進行烘焙即可。這有點像「懶人料理包」（meal kit），只不過更美味、價格更低廉，而且沒有任何包裝產生的廢棄物。

將烤箱預熱至 350°F。

在南瓜上方戳幾刀之後，放在器皿裡烘焙，40 分鐘之後確認一下是否烘焙完成。烘焙好的南瓜應該可以讓你用刀子輕易地切開，如果無法的話，持續烘焙並確認。（或者根據使用手冊，直接用壓力鍋燉煮一個小型南瓜。）

南瓜冷卻至能夠觸摸時，切除頂部及中間部位，再對切成兩半、去除南瓜籽。將南瓜皮從瓜肉上削除。

將南瓜果肉切成 2 吋大小的塊狀，放入食品研磨器（food mill）或食物處理機（food processor）裡研磨出 2 杯左右。（想要的話，可將南瓜泥冷藏幾天，或放入冷凍庫數月。）

將烤箱預熱至 375°F。

8 人份南瓜派

1 個糖南瓜 (sugar pie pumpkin)

1 份「無所畏懼西點」(No-Fear Pastry)（119 頁），冷藏過

½ 杯 (50g) 紅糖 (brown sugar)

1 湯匙細細剁碎的新鮮薑末

1 茶匙肉桂粉 (ground cinnamon)

¼ 茶匙丁香粉 (ground cloves)

½ 茶匙鹽

3 顆大雞蛋

½ 杯 (125ml) 重奶油 (heavy cream) 或「半對半」鮮奶油 (Half-and-half)

將西點麵皮擀製成 12 吋直徑的圓形，⅛ 吋的厚度。放入 9 吋的烤派盤（pie plate）裡，並將派皮修整成只延伸出烤派盤 ½ 英吋。將派皮邊緣折起來，使之與烤派盤上方齊平。用手指輕壓派皮邊緣，以做出波浪型。放進冰箱短暫冷藏一下，同時著手準備甜派內餡。

修剪出多餘的派皮可剪成各種你喜愛的形狀，例如葉子、愛心、星星等。將這些放在鐵製烤盤或烘焙烤盤上冷藏。

在小碗裡，混合紅糖、薑、肉桂、丁香和鹽。取一個大碗，輕輕攪打雞蛋後，拌入紅糖混合物，加入南瓜泥以及奶油，充分混合。

將內餡倒入派皮，烘焙 50 分鐘至 1 小時，直到餡料凝結。用刀子插入中心，取出時若沒有任何餡料沾在上面，即代表南瓜派已烘焙完成。

將裝飾甜派的各種形狀，同樣烘焙 10 至 12 分鐘。

讓南瓜派完全冷卻後再放上裝飾，然後享用。用倒扣的盤子或碗覆蓋吃剩的南瓜派，可放入冰箱冷藏約 5 天。

下一道食譜......

依據南瓜的尺寸，一顆糖南瓜可包含約 ¾ 杯的南瓜籽，這些南瓜籽可烘焙出季節性的小點心。擦拭南瓜籽上的果泥，並清洗乾淨。用廚房擦巾擦乾後，與 1 湯匙的橄欖油、½ 茶匙鹽、任何你喜愛的佐料如 110 頁的辣椒粉（chili powder）一起混合。在鐵製烤盤上平鋪一層，以 350°F 烘焙 15 分鐘。攪拌一下，持續烘焙 10 分鐘，直至變得金黃、酥脆。

低廢棄甜點，只為了信念！

Plant-Forward Recipes and Tips for a Sustainable Kitchen and Planet

巧克力椰香馬卡龍
Chocolate–Dipped Coconut Macaroons

烘焙成人口味布朗尼（Grown-Up Brownies）（293 頁）剩餘的蛋白可用於這道食譜，烘焙出 14 至 16 個小的馬卡龍（macaroons）。端看多少人會品嚐這道甜點，你可能會想將份量提高至兩倍。不過即使只有自己享用，加倍份量也是個好主意。

烤箱正在預熱時，可同時烘烤杏仁以節省能源與時間。假如你想專注烘焙、不願一心多用，那麼就先製做馬卡龍。等待馬卡龍冷卻時，烘烤堅果直至散發香氣。當這些食材都冷卻後，再融化巧克力。你不會希望馬卡龍在還沒冷卻到能沾上巧克力醬前，巧克力醬就凝固變硬了。

將烤箱預熱至 350ºF，大型鐵製烤盤上塗抹奶油。

取一個大碗，將蛋白、糖、萃取液攪打直至起泡，拌入椰絲和鹽巴。

舀起混合物，搓揉成 1 吋大小的密實球型。將球型一個個擺放在鐵製烤盤上，用拇指在每顆球上輕壓出一個凹坑。

烘焙馬卡龍約 15 分鐘，直至金黃、結實。讓馬卡龍在鐵製烤盤上冷卻 10 分鐘，再移至烘焙冷卻架。將烤箱保持在開啟的狀態。

將杏仁平鋪一層在鐵製烤盤或鑄鐵鍋裡，烘焙約 5 分鐘。攪拌一下，然後持續烘焙 5 分鐘，或直到散發香氣。

待馬卡龍冷卻後，使用雙層鍋，或者將一個小鐵碗放在一鍋滾水上，以融化巧克力。還未完全融化時，便將巧可力從瓦斯爐上移開，加以攪

---

14 至 16 個馬卡龍

奶油，以塗抹鐵製烤盤

2 個大蛋白

½ 杯 (100g) 糖

½ 茶匙杏仁萃取液，或波旁街香草精 (Bourbon Street Vanilla Extract)（123 頁）

2 杯 (180g) 無糖椰絲 (shredded unsweetened coconut)

⅛茶匙鹽

14 至 16 顆原粒生杏仁(raw whole almonds)

½ 杯 (89g) 半甜巧克力豆或苦甜巧克力豆 (semisweet or bittersweet chocolate chips)

拌直至滑順。

　　將馬卡龍上方蘸浸到巧克力醬裡，凹坑裡再擺放一顆烘焙過的杏仁。待巧克力冷卻後，即可享用。巧克力椰香馬卡龍可貯存在玻璃罐裡，至少 3 天左右。

下一道食譜......

假如想做出堅果醬（nut butter）（145 頁），製做馬卡龍時便可同時烘烤一大把杏仁。等待馬卡龍冷卻的時間，足以讓你用食物處理機打出一批堅果醬。

墨西哥熱巧克力麵包布丁
Mexican Hot Chocolate Bread Pudding

一旦品嚐過這道頂層酥脆、濃郁細膩的巧克力甜點，家裡的麵包就再也不會被浪費了。甚至你會開始希望能在廚房找到隔日麵包，或者詢問鄰居可否提供麵包皮——上演一齣《悲慘世界》（Les Mis）的延伸劇情。也可為了這道甜點，特定將新鮮麵包進行烘烤，做出此處的食材。

為準備這道食譜所需的麵包，從麵包店購買或自製一條香甜法式短棍白麵包（sweet white French batard）（相似於法國麵包（baguette）縮短及加寬的版本）、義式麵包（Italian loaf），或者品質佳的白吐司。

將烤箱預熱至 350°F，9 吋正方形的烘培器皿上塗抹一點奶油。

在一個小碗裡，混合糖、可可、肉桂、肉荳蔻、卡宴辣椒及鹽巴。

開啟中火，將牛奶倒入大型單柄湯鍋裡，加入可可混合物和香草，一邊烹煮、一邊攪拌約 2 分鐘，直到所有材料充分混合，可可也已融化。（若就此打住，你便做出一道非常可口的墨西哥熱巧克力。）

關火後，加入奶油使之融化，並拌入熱巧克力之中。

待混合物冷卻後，拌入雞蛋。（注意，不要省略冷卻的步驟！雞蛋在熱的液體裡，會產生凝固的現象。）

將麵包塊放進湯鍋，加以攪拌使之均勻地裹上巧克力混合物。將湯鍋裡的內容物倒進準備好的烘培器皿裡，上頭撒上巧克力豆。

烘焙 50 至 55 分鐘，直到刀子插入中央再取出時，乾淨無沾黏。剩餘的麵包布丁可用碗或盤子倒扣覆蓋，放進冰箱貯存約 5 天。

---

4 至 6 人份

¼ 杯 (½ 條；57g) 無鹽奶油 (unsalted butter)，加上更多以塗抹烘焙器皿

½ 杯 (100g) 糖

¼ 杯 (21g) 高品質的無糖可可粉 (unsweetened cocoa powder)

1 茶匙肉桂粉 (ground cinnamon)

½ 茶匙肉荳蔻，研磨成粉 (grated nutmeg)

⅛ 茶匙卡宴辣椒粉 (cayenne pepper)

一大撮鹽

2 杯 (500ml) 全脂或 2% 低脂牛奶 (whole or 2% milk)，或者零廢棄堅果種子奶 (No-Waste Nut or Seed Milk) (125 頁)

1 茶匙波旁街香草精 (Bourbon Street Vanilla Extract) (123頁) 或市售香草精

2 顆大雞蛋，輕輕攪打

5 杯 (225g) ½ 吋大小的麵包塊，取自隔日白麵包 (見小提醒)

⅓ 杯 (60g) 半甜巧
克力豆或苦甜巧克
力豆 (semisweet or
bittersweet chocolate
chips)

小提醒

假如使用新鮮麵包,將麵
包塊在鐵製烤盤上平鋪一
層,以 300℉ 烘烤 10 分
鐘直至乾燥。

下一道食譜...

多餘的麵包可研磨成麵
包屑,加入蔬菜薄煎餅
(vegetable pancakes)
(195 頁) 或羽衣甘藍沙
拉 (kale salad) (230
頁) 之中。

低廢棄甜點,只為了信念!

Plant-Forward Recipes and Tips for a Sustainable Kitchen and Planet

專屬於你的
零廢棄廚師月曆
一個月的菜單

星期日	星期一	星期二
Day 1 蔬菜雜燴薄煎餅 (p.195)，自製兩料酸奶油 (p.132) 一豆一菜一穀沙拉 (p. 232) 清冰箱湯品 Clear-out-the-fridge soup	**Day 2** 吐司，任選堅果的堅果醬 (p.145)，水果 一豆一菜一穀沙拉 (p.232) 法式薄餅，瑞可塔及普羅旺斯燉菜 (剩餘瑞可塔用於第三日的餐點) (p.239)	**Day 3** 燕麥粥，搭配喜愛的配料 酸種麵包三明治 (p.159) 綜合時蔬義式烘蛋 (使用剩餘的瑞可塔) (p.234)
Day 8 墨西哥鄉村煎蛋 (p.181)，餐廳式墨西哥豆泥 (p.204)，鬆軟濃郁酸種墨西哥薄餅 (p.121) 托斯卡尼農家燉豆湯 (p.252) 祖母的鍋餡餅 (若使用堅果種子奶，將堅果種子泥加入第九日的麥片；製做多餘的餡餅皮用於第十日) (p.247)	**Day 9** 隨意而成的格蘭諾拉麥片 (p.178)，優格繁衍優格 (p.128)，水果 墨西哥鄉村煎蛋 (p.181)，餐廳式墨西哥豆泥 (p.204)，鬆軟濃郁酸種墨西哥薄餅 (p.121) 祖母的鍋餡餅 (p.247)	**Day 10** 甜味酸種薄煎餅 (p.168) 任意而成鹹味手餡餅 (用鍋餡餅的餡餅皮) 黑眼豆蘑菇漢堡 (烹煮多餘豆子用於第十二日餐點；保存清湯) (p.225)，黎巴嫩塔布勒沙拉 (p.191)
Day 15 酸種焦糖果仁麵包卷 (p.173) 扁豆燉菜：白菜花、馬鈴薯與小扁豆，搭配米飯 (p.244) 盛滿蘑菇與豆子，豐盛的牧羊人派 (p.219)	**Day 16** 隨意而成的格蘭諾拉麥片 (p.178)，優格繁衍優格 (p.128)，水果 韓式泡菜炒飯 (p.229) 盛滿蘑菇與豆子，豐盛的牧羊人派 (p.219)	**Day 17** 甜味酸種薄煎餅 (p.168) 盛滿蘑菇與豆子，豐盛的牧羊人派 (p.219) 綜合時蔬義式烘蛋 (p.234)
Day 22 墨西哥鄉村煎蛋 (p.181)，餐廳式墨西哥豆泥 (p.204)，鬆軟濃郁酸種墨西哥薄餅 (p.121) 酸種披薩與蕃茄蒜蓉醬 (p.254) 外帶鷹嘴豆馬薩拉 (p.223)，搭配多薩餅 (p.207)	**Day 23** 燕麥粥，搭配喜愛的配料 餐廳式墨西哥豆泥 (p.204)，鬆軟濃郁酸種墨西哥薄餅 (p.121) 外帶鷹嘴豆馬薩拉 (p.223)，搭配多薩餅 (p.207)	**Day 24** 甜味酸種薄煎餅 (p.169) 酸種麵包 (p.159)，醃漬檸檬鷹嘴豆泥 (p.277)，燜烤蔬菜饗宴 蔬菜雜燴薄煎餅 (p.195)，生菜沙拉
Day 29 蔬菜雜燴薄煎餅 (p.195)，自製兩料酸奶油 (p.132) 餐廳剩餘菜飯 Restaurant Leftovers 玉米巧達濃湯——從玉米粒到棒芯 (p.241)	**Day 30** 燕麥粥，搭配喜愛的配料 墨西哥燉辣豆醬 (p.249) 黑眼豆蘑菇漢堡 (p.225)	

星期三	星期四	星期五	星期六
Day 4 甜味酸種薄煎餅 (p.168) 酸種麵包夾剩餘義式烘蛋 (p.159) 惜福晚餐 Leftovers Night	**Day 5** 吐司，任選堅果的堅果醬 (p.145)，水果 鹹味酸種薄煎餅 (p.169) 餡餃 (p.209) 、法羅麥與羽衣甘藍沙拉 (p.230)，搭配醃漬檸檬與杏桃乾	**Day 6, 星期五** 燕麥粥，搭配喜愛的配料 酸種麵包三明治 (p.159) 托斯卡尼農家燉豆湯 (加入剩餘羽衣甘藍莖部和乳清) (p.252)	**Day 7** 全麥酸種——酪乳格子鬆餅 (p.167) 客製化熱炒佐花生醬 (p.205) 托斯卡尼農家燉豆湯 (p.252)
Day 11 隨意而成的格蘭諾拉麥片 (p.178)，優格繁衍優格 (p.128)，水果 黑眼豆蘑菇漢堡 (p.225)，黎巴嫩塔布勒沙拉 (p.191) 惜福晚餐 Leftover Night	**Day 12** 綜合蔬菜炒蛋 一豆一菜一穀沙拉 (p.232) 簡約風：茴香葉青醬與義大利麵 (p.236)、清蒸時蔬	**Day 13** 甜味酸種薄煎餅 (p.169) 一豆一菜一穀沙拉 (p.232) 扁豆燉菜：白菜花、馬鈴薯與小扁豆 (用煮豆剩餘的清湯烹煮小扁豆) (p.244)，搭配多薩餅 (p.207)	**Day 14** 燕麥粥，搭配喜愛的配料 爛烤蔬菜饗宴 (烹煮多餘份量用於牧羊人派) (p.200) 扁豆燉菜：白菜花、馬鈴薯與小扁豆，搭配米飯 (p.244)
Day 18 燕麥粥，搭配喜愛的配料 剩餘義式烘蛋，生菜沙拉 (料理多餘的佐醬用於第二十日的餐點) 惜福晚餐 Leftover Night	**Day 19** 甜味酸種薄煎餅 (p.168) 清冰箱湯品 客製化熱炒佐花生醬 (p.205)	**Day 20** 燕麥粥，搭配喜愛的配料 客製化熱炒佐花生醬 (p.205) 一豆一菜一穀沙拉 (烹煮多餘的鷹嘴豆用於鷹嘴豆馬薩拉和鷹嘴豆泥) (p.232)	**Day 21** 全麥酸種——酪乳格子鬆餅 (p.167) 酸種披薩與蕃茄蒜蓉醬 (p.254) 清冰箱湯品 (冷凍剩餘食物用於下個月的餐點)
Day 25 吐司，任選堅果的堅果醬 (p.145)，水果 多薩餅 (p.207)，拌炒瑞士甜菜 (p.193) 惜福晚餐 Leftover Night	**Day 26** 甜味酸種薄煎餅 (p.168) 酸種麵包 (p.159)，醃漬檸檬鷹嘴豆泥 (p.278)，黎巴嫩塔布勒沙拉 (p. 191) 墨西哥燉辣豆醬 (p.249)	**Day 27** 吐司，任選堅果的堅果醬 (p.145)，水果 墨西哥燉辣豆醬 (p.249)，黎巴嫩塔布勒沙拉 (p.191) 簡約風：茴香葉青醬與義大利麵 (p.236)、清蒸時蔬	**Day 28** 綜合蔬菜炒蛋 法羅麥與羽衣甘藍沙拉 (p.230)，搭配醃漬檸檬與杏桃乾 外出用餐 Out for Dinner

我的心湧現出一股過去未體驗過的感謝之意：一本食譜書原來需要那麼多人的協助才得以問世。首先，要感恩我部落格的讀者、社群媒體的觀眾，感謝你們投注時間閱讀我的貼文、給予留言，感謝你們嘗試我的食譜，跟著我一起走在這趟零廢棄、低廢棄——或是你可以用你喜歡的任何方式稱呼它——的旅途之中。

感謝珍·諾克（Jen Knock），妳問我是否想過寫一本書，並替我引介我那傑出的經紀人——卡莉·沃特斯（Carly Watters）。卡莉，妳是這麼理解我內心的想法。謝謝妳成為我的代表人，協助我實現出版這本書的夢想。因為妳，我擁有了企鵝藍燈書屋（Penguin Random House）這樣一個夢幻團隊，我無法想像自己居然有這麼好的運氣。感謝蘇西·斯沃茨（Suzy Swartz）作為我的美國編輯，妳在我的手稿上做了如此出色的修潤，讓它變得不同凡響。與妳共事是多 令人愉悅，如同與其他美國、加拿大的企鵝藍燈書屋團隊成員：安德里亞·馬扎爾（Andrea Magyar）、米歇爾·阿勃絲（Michelle Arbus）、露西亞·沃森（Lucia Watson）、艾莉莎·阿德勒（Alyssa Adler）、羅氏·安德森（Roshe Anderson）、阿卜迪·奧馬爾（Abdi Omer）、艾希禮·塔克（Ashley Tucker）以及埃里卡·羅斯（Erica Rose）。還有我的攝影師艾希禮·麥克勞克林（Ashley McLaughlin），看到她能如此巧妙地捕捉我的目光，讓我深信她一定有讀心術。

許多人品嚐了這些食譜，謝謝你們所付出的時間，以及給予我非常有益的回饋，尤其瑞秋·埃丁格（Rachael Edinger），妳所做的遠遠超乎了我的期待。感謝我盡心盡力的助理，塞西莉亞·安卡維查亞（Cecilia Angkawidjaya）。當我不願在廚房多待一分鐘時，是妳輔助我越過食譜研發的終點線，並讓最終一段路途充滿樂趣。

感謝我的作家朋友及同儕。愛麗絲·拉普蘭特（Alice LaPlante）幫助我撰寫出版提案，並向我保證我的書一定會找到屬於它的位置。朗達·艾布拉姆斯（Rhonda Abrams）（一而再地）鼓勵我將內心的聲音放進書頁之中。（朗達，我表現得如何？）

我的許多家人幫助我走過撰寫食譜書這個長期的過程。我要感謝佛洛斯和佐拉·尼古拉（Forest and Zora Nicola）、約翰·格倫（John Glen）、艾米·特科特·道爾（Amy Turcotte Doyle）、蜜雪兒·斯納爾（Michelle Snarr）、喬安·坦普爾（Joan Temple）。感謝我的夥伴，錢德拉·尼古拉（Chandra Nicola），妳持續地鼓勵我，肯定我一定能完成這個艱巨的任務。最後，我要感謝我的孩子與我靈感的來源，瑪麗·凱瑟琳（Mary Katherine）和夏洛特·格倫（Charlotte Glen）。具有非常好的品味，妳們兩個都能準確地指出如何改善一道餐點。在我埋頭於「我的書」時，謝謝妳們給予的包容。沒有妳們，我無法寫出這本書。

第一章：預備出發！三、二、一、零！

對美國消費者而言，每個人每天平均製造 4.5 英磅的垃圾：美國國家環境保護局 (EPA. gov)，〈發展永續物質管理：2017 年基本資料〉(Advancing Sustainable Materials Management: 2017 Fact Sheet)，2019 年 11 月，載於：https://www.epa.gov/production/files/2019-11/documents/2017_facts_and_figures_fact_sheet_final.pdf。

這些廢棄物大部分來自暫時性使用的材料，例如食品包裝：同上。

完全未經使用的東西，例如食物：米爾曼・奧利弗 (Milman Oliver)，〈美國人一天浪費十五萬噸食物，等於一人一英磅〉(Americans Waste 150,000 Tons of Food Each Day—Equal to a Pound per Person)，《衛報》(The Guardian)，2018 年 4 月 18 日，載於：https://www.theguardian.com/envrionment/2018/apr/18/americans-waste-food-fruit-vegetables-study。

這些廢棄物約有一半進入垃圾掩埋場：美國國家環境保護局 (EPA. gov)，〈發展永續物質管理：2017 年基本資料〉(Advancing Sustainable Materials Management: 2017 Fact Sheet)，2019 年 11 月，載於：https://www.epa.gov/sites/production/files/2019-11/documents/2017_facts_and_figures_fact_sheet_final.pdf。

在二十年期間，一個比二氧化碳更強大 84 倍的溫室氣體：核心撰寫小組 (Core Writing Team) 著，拉金德拉・帕喬里 (Rajendra K. Pachauri)、列奧・麥爾 (Leo Meyer) 編，〈氣候變遷 2014：綜合報告〉(Climate Change 2014 Synthesis Report)，瑞士日內瓦：聯合國「政府間氣候變遷專門委員會」(Geneva, Switzerland: Intergovernmental Panel on Climate Change)，2014 年。

塑料將超過魚的數量：〈新塑膠經濟：重新思考塑膠的未來〉(The New Plastics Economy: Rethinking the Future of Plastics)，英格蘭考斯：艾倫・麥克亞瑟基金會 (Cowes, UK: The Ellen MacArthur Foundation)，載於：http://www.ellenmacarthurfoundation.org/assets/downloads/EllenMacArthurFoundation_TheNewPlasticsEconomy_Pages.pdf。

對植物、動物、人類造成威脅：Jiao Wang、劉惠華 (Xianhua Liu)、Yang Li、特雷弗・鮑威爾 (Trevor Powell)、Xin Wang、汪光義 (Guangyi Wang)、張平平 (Pingping Zhang) 著，甘劍英 (Jay Gan) 編，〈土壤環境裡的塑料微粒污染物〉(Microplastics as Contaminants in the Soil Environment: A Mini-Review)，《整體環境科學》國際學術期刊，691 期，2019 年 11 月 15 日，848-57 頁，http://doi.org 或 /10.1016/j.scitotenv_2019.07.209。

2012 年到 2017 年的回收率仍舊停留：美國國家環境保護局 (EPA.)，〈各類材料之塑膠含量〉(Plastics: Material-Specific Data)，美國國家環境保護局 (Environmental Protection Agency) 網頁，2019 年 10 月 30 日，載於：https://www.epa.gov/facts-and-figures-about-materials-waste-and-recycling/plastics-material-specific-data。

2010 至 2016 年期間的塑料廢棄物：漢娜・里奇 (Hannah Ritchie)、馬克斯・羅瑟 (Max Roser) 著，〈塑膠污染〉(Plastic Pollution)，用數據看世界 (Our World in Data)，2018 年 9 月 1 日，載於：https://ourworldindata.org/plastic-pollution。

全世界必須掩埋、燃燒、回收將近 111 百萬公噸的塑料：艾米・L・布魯克斯 (Amy L. Brooks)、Shunli Wang、珍納・R・詹姆貝克 (Jenna R. Jambeck) 著，〈中國禁塑令對全球塑料廢棄物處置的影響〉(The Chinese Import Ban and Its Impact on Global Plastic Waste Trade)，《科學前緣》(Science Advances)，4 (6)，2018 年 6 月 20 日，https://doi.org/10.1126/sciadv.aat0131。

這些終究會回歸垃圾掩埋場：莉莎・卡斯・博伊爾 (Lisa Kaas Boyle)，〈回收的迷思〉(The Myth of the Recycling Solution)，塑膠汙染聯盟 (Plastic Pollution Coalition)，塑膠汙染聯盟網頁，2015 年 10 月 5 日，載於：https://www.plasticpollutioncoalition.org/pft/2015/8/23/the-myth-of-the-recycling-solution。

被塑料污染嗎？：特拉桑德 (Leonardo Trasande)、瑞秋・M・謝弗 (Rachel M. Shaffer)、席拉・薩蒂亞 (Sheela Sathyanarayana) 著，〈食品添加物與兒童健康〉(Food Additives and Child Health)，《小兒科期刊》(Pediatrics)，142 (2)，2018 年 8 月，https://doi.org 或

https://doi.org/10.1542/peds.2018-1410。

流產、癌症、遺傳性疾病：〈內分泌干擾物〉（Endocrine Disruptors），美國環境健康科學研究所（National Institute of Environmental Health Sciences），美國衛生及公共服務部（U.S. Department of Health and Human Services），載於 https://www.niehs.nih.gov/health/topics/agents/endocrine/index.cfm。

導致類似的健康問題：梅蘭妮·H·傑克布森（Melanie H. Jacobson）、米瑞安·伍德沃德（Miriam Woodward）、Wei Bao、Buyun Liu、特拉桑德（Leonardo Trasande）著，〈塑化劑對美國兒童與青少年肥胖之影響〉（Urinary Bisphenols and Obesity Prevalence Among U.S. Children and Adolescents），《美國內分泌學會》（Journal of the Endocrine Society），3 (9)，2019 年 7 月 25 日，1715-26 頁，https://doi.org 或 https://doi.org/10.1210/js.2019-00201。

能夠防油、防水：喬·法斯勒（Joe Fassler）著，〈美國連鎖餐廳 Chipotle 與 Sweetgreen 使用可分解的碗，卻含有造成癌症的「永久性化學物質」〉（The Bowls at Chipotle and Sweetgreen Are Supposed to Be Compostable. They Contain Cancer-Linked 'Forever Chemicals.'）料理台網頁（The Counter），2020 年 9 月 2 日，載於 https://newfoodeconomy.org/pfas-forever-chemicals-sweetgreen-chipotle-compostable-biodegradable-bowls/。

發炎反應：〈全氟及多氟烷基物質〉（Perfluoroalkyl and Polyfluoroalkyl Substances (PFAS)），美國環境健康科學研究所（National Institute of Environmental Health Sciences），美國衛生及公共服務部（U.S. Department of Health and Human Services），載於 https://www.niehs.nih.gov/health/topics/agents/pfc/index.cfm（最後瀏覽日期 2020 年）（accessed 2020）。

大部分的食物浪費發生在消費者層面：環境合作委員會（cec.org），〈北美食物耗損及浪費之特徵與管理對策〉（Characterization and Management of Food Loss and Waste in North America），加拿大環境委員會（Canadian Commission for Environmental Cooperation），2017 年，載於 http://www3.cec.org/islandora/en/item/11772-characterization-and-management-food-loss-and-waste-in-north-america-en.pdf。

供應鍊的任何一個據點：達娜·甘德斯（Dana Gunders）、強納森·布魯姆（Jonathan Bloom）著，〈從農場到餐桌到垃圾掩埋場，美國如何

浪費 40% 的食物）（Wasted: How America Is Losing Up to 40 Percent of Its Food from Farm to Fork to Landfill），美國自然資源保護委員會（Natural Resources Defense Council），2017 年，載於：https://www.nrdc.org/sites/default/files/wasted-2017-report.pdf。

一人近乎一英磅的食物：請見上方引用米爾曼（Milman）所著的參考文獻。

食物浪費導致了百分之八的溫室氣體：反轉地球暖化非營利組織「Project Drawdown」，〈減少食物浪費〉（Reduced Food Waste），2020 年 7 月 1 日，載於 https://www.drawdown.org/solutions/food/reduced-food-waste。

百分之二點五來自於航空業：喬伊斯·E·彭納（Joyce E. Penner）、大衛·H·李斯特（David H. Lister）、大衛·J·格里格斯（David J. Griggs）、大衛·J·多肯（David J. Dokken）、麥克·麥克法蘭（Mack McFarland）著，〈航空與全球大氣〉（Aviation and the Global Atmosphere），載於 https://archive.ipcc.ch/ipccreports/sres/aviation/index.php?idp=0。

電動車合併起來：載於 https://drawdown.org/sites/default/files/pdfs/Drawdown_Review_2020_march10.pdf。

口腹之慾等等：維多利亞·貝爾（Victoria Bell）、喬治·費雷羅（Jorge Ferrao）、利吉婭·皮門特爾（Ligia Pimentel）、曼努埃拉·品塔多（Manuela Pintado）、狄托·費爾南德斯（Tito Fernandes）著，〈共享健康？發酵食品與腸道菌群〉（One Health, Fermented Foods, and Gut Microbiota），（Foods）《食品》，7 (12)，2018 年 12 月 3 日，https://doi.org/10.3390/foods7120195。
（譯者：此文探討發酵食品對腸道菌群的影響性，並探究「共享健康」領域的可行性，故標題譯為：〈共享健康？發酵食品與腸道菌群〉）

發酵食品改善消化系統的健康：同上。

第二章：像祖母那樣烹調

比起其他食品，新鮮蔬果更容易被丟棄：扎克·康拉德（Zach Conrad）、梅雷迪思·T·奈爾斯（Meredith T. Niles）、黛博拉·A·內赫（Deborah A. Neher）、埃里克·D·羅伊（Eric D. Roy）、妮可·E·蒂切諾（Nicole E. Tichenor）、麗莎·雅恩斯（Lisa Jahns）著，〈糧食浪費、飲食品質與永續環境之間的關係〉（Relationship between Food Waste, Diet Quality, and Environmental Sustainability），

《公共科學圖書館：綜合》(Plos One)，13 (4)，2018 年 4 月 18 日，https://doi.org/10.1371/journal.pone.0195405。

製造商便能長途運輸番茄而不會損傷它們：巴里·埃斯塔布魯克 (Barry Estabrook)，《番茄農地：從收穫羞愧到收穫希望》(Tomatoland：from Harvest of Shame to Harvest of Hope)，密蘇里州堪薩斯城：安德魯斯·麥克梅爾出版社 (Kanas City, MO：Andrew McMeel Publishing)，2018 年。

具乙烯敏感性的食物：載於：https://extension.iastate.edu/smallfarms/store-fresh-garden-produce-properly; https://ucsdcommunityhealth.org/wp-content/uploads/2017/09/ethylene.pdf。

蘑菇、櫛瓜、甜玉米：阿蒂娜·迪夫利 (Atina Diffley)、吉姆·斯拉馬 (Jim Slama) 編，《小農批發成功指南：銷售、採後處理和農產品包裝》(Wholesale Success：A Farmer's Guide to Selling, Postharvest Handling and Packing Produce)，伊利諾伊州奧克帕克：家庭農業組織 (Oak Park, IL：Family Farmed.org)，2010 年。

以二十年期間來看，比二氧化碳更強大：請見上方引用核心撰寫小組 (Core Writing Team) 所著的參考文獻。

從大氣層吸收二氧化碳：反轉地球暖化非營利組織「Project Drawdown」，〈製作堆肥〉(Composting)，2020 年 6 月 29 日，載於：https://drawdown.org/solutions/composting。

第三章：文化改革：發酵食物

益生菌能減緩焦慮的症狀：馬修·R·希利米爾 (Matthew R. Hilimire)、喬丹·E·德維爾德 (Jordan E. Devylder)、凱薩琳·A·福斯泰爾 (Catherine A. Forestell) 著，〈發酵食品、神經質傾向和社交焦慮之交互作用模組〉(Fermented Foods, Neuroticism, and Social Anxiety：An Interaction Model)，《精神病學研究期刊》(Psychiatry Research)，228 (2)，2015 年 8 月，203–8 頁，https://doi.org/10.1016/j.psychres.2015.04.023。

（譯著：原書 Notes 一章將此句放在第二章，但這句應源自第三章，故作此更正。）

讓人體更容易消化、吸收：史密斯·G·恩哈塔 (Smith G. Nkhata)、伊曼紐爾·阿尤阿 (Emmanuel Ayua)、以利亞·H·卡茂 (Elijah H. Kamau)、吉恩–博斯科·辛吉羅 (Jean-Bosco Shingiro) 著，〈透由啟動內源性酵素，發酵發芽增進穀物和豆類的營養價值〉(Fermentation and Germination Improve Nutritional Vaule of Cereals and Legumes through Activation of Endogenous Enzymes)，《食品科學與營養》(Food Science & Nutrition)，6 (8)，2018 年 10 月 16 日，2446–58 頁，https://doi.org/10.1002/fsn3.846。

（譯著：原書 Notes 一章將此句放在第二章，但這句應源自第三章，故翻譯作此更正。）

發酵破壞它們之間的連結，釋放出這些營養素：同上。

優酪乳中的菸鹼酸：J.g·雷布朗 (J.g. Leblanc)、J.e.·萊諾 (J.e. Laiño)、M·華雷斯·德爾瓦萊 (M. Juarez Del Valle)、V·范尼尼 (V. Vannini)、D·范辛德倫 (D. Van Sinderen)、M.p. 塔蘭托 (M.p. Taranto)、G·豐特·德瓦爾迪茲 (G. Font De Valdez)、G·薩沃伊·德喬埋 (G. Savoy De Giori)、F·塞斯瑪 (F. Sesma) 著，〈乳酸菌製造維生素 B 群——現今認知與未來應用〉(B-Group Vitamin Production by Lactic Acid Bacteria—Current Knowledge and Potential Applications)，《應用微生物學期刊》(Journal of Applied Microbiology)，111 (6)，2011 年 9 月 10 日，1297–1309 頁，https://doi.org/10.1111/j.1365-2672.2011.05157.x。

核黃素、菸鹼酸、硫胺素能將食物轉化成能量：美國國家衛生研究院之膳食補充劑辦公室 (NIH Office of Dietary Supplements)，〈核黃素〉(Riboflavin)，美國衛生及公共服務部 (U.S. Department of Health and Human Services)，載於：https://ods.od.nih.gov/factsheets/Riboflavin–Consumer (最後瀏覽日期 2020 年) (accessed 2020)；美國國家衛生研究院之膳食補充劑辦公室 (NIH Office of Dietary Supplements)，〈菸鹼酸〉(Niacin)，美國衛生及公共服務部 (U.S. Department of Health and Human Services)，載於：https://ods.od.nih.gov/factsheets/Niacin–Consumer/ (最後瀏覽日期 2020 年) (accessed 2020)；美國國家衛生研究院之膳食補充劑辦公室 (NIH Office of Dietary Supplements)，〈硫胺素〉(Thiamin)，美國衛生及公共服務部 (U.S. Department of Health and Human Services)，載於：https://ods.od.nih.gov/factsheets/Thiamin–Consumer/ (最後瀏覽日期 2020 年) (accessed 2020)。

（此依照原書列出的原文順序將菸鹼酸的文獻，改放在硫胺素的文獻之前。）

葉酸促成 DNA 和 RNA 的形成：美國國家衛生研究院之膳食補充劑辦公室 (NIH Office of Dietary Supplements)，〈葉酸〉(Folate)，美國衛生及公共服務部 (U.S. Department of Health and Human Services)，載於：https://ods.od.nih.gov/factsheets/Folate–

Consumer/（最後瀏覽日期 2020 年）(accessed 2020)。

降低血糖升高的指數：弗朗西斯卡‧斯卡齊尼 (Francesca Scazzini)、丹尼爾‧德爾里奧 (Daniele Del Rio)、尼科萊塔‧佩萊格里尼 (Nicoleta Pellegrini)、富里奧‧布里蓋蒂 (Furio Brighenti) 著，〈酸種麵包：澱粉消化性和餐後血糖反應〉 (Sourdough Bread: Starch Digestibility and Postprandial Glycemic Response)，《穀物科學期刊》(Journal of cereal science)，49 (3)，2009 年 5 月，419–21 頁，https://doi.org 或 https://doi.org/10.1016/j.jcs.2008.12.008。

利於患有麩質不耐症的人：卡洛‧G.‧里澤洛 (Carlo G. Rizzello)、瑪麗亞‧德安吉利斯 (Maria De Angelis)、拉斐拉‧迪卡尼奧 (Raffaella Di Cagno)、亞歷山德拉‧卡馬爾卡 (Alessandra Camarca)、馬可‧西蘭諾 (Marco Silano)、伊拉里奧‧洛西托 (Ilario Losito)、馬西莫‧德文森齊等著 (Massimo De Vincenzi et al.)，〈麩質不耐症新觀點：食品製作中乳酸桿菌和黴菌蛋白酶可高效降解麩質〉 (Highly Efficient Gluten Degradation by Lactobacilli and Fungal Proteases during Food Processing: New Perspectives for Celiac Disease)，《應用及環境微生物學》(Applied and Environmental Microbiology)，73 (14)，2007 年 7 月 18 日，4499–4507 頁，https://doi.org/10.1128/aem.00260–07。

移除受影響的一整層蔬菜，做成堆肥：山鐸‧卡茲 (Sandor Katz) 著，《發酵聖經：蔬果、穀類、根莖、豆類》(The Art of Fermentation: An In–Depth Exploration of Essential Concepts and Processes from Around the World)，美國佛蒙特州白河匯口：切爾西‧格林出版社 (White River Junction, VT: Chelsea Green Publishing Co)，2013 年。

某些特定具有毒性的麴菌屬 (Aspergillus) 黴菌會長在康普茶上：關鍵路徑愛滋病計畫 (Crit Path AIDS Project)，〈康普茶——毒性警報〉(Kombucha—Toxicity Alert)。

第四章：有什麼是罐子做不到的？發酵用具

每人一週大約食用一個信用卡這麼多的塑膠微粒：湯姆‧邁爾斯 (Tom Miles)，〈研究顯示：你一週吃掉的塑料可能多達一張信用卡〉 (You May be Eating a Credit Card's Worth of Plastic Each Week: Study)，路透社 (Reuters)，湯森路透 (Thomson Reuters)，2019 年 6 月 12 日，載於：https://www.reuters.com/article/us-environment-plastic/you-may-be-eating-a-credit-cards-worth-of-plastic-each-week-study-idUSKCN1TD009。

油脂不只美味：美國心臟協會 (www.hearts.org)，〈膳食脂肪〉(Dietary Fats)，2014 年 3 月 23 日，載於：https://www.heart.org/en/healthy-living/healthy-eating/eat-smart/fats/dietary-fats；〈脂肪的真相：好脂肪、壞脂肪和兩者之間〉 (The Truth about Fats: the Good, the Bad, and the in–Between)，《哈佛健康雜誌》(Harvard Health)，2015 年 12 月 11 日，載於：https://www.health.harvard.edu/staying-healthy/the-truth-about-fats-bad-and-good。

僅僅克里格咖啡機製造商 (Keurig) 就在 2014 年販售將近一百億個咖啡粉囊包：詹姆斯‧漢布林 (James Hamblin)，〈用咖啡囊包喝咖啡嗎？你可能要重新思考了！〉(If You Drink Coffee From Pods, You May Want to Reconsider)，《大西洋》(The Atlantic)，大西洋媒體公司 (Atlantic Media Company)，2015 年 3 月 2 日，載於：https://www.theatlantic.com/technology/archive/2015/03/the-abominable-k-cup-coffee-pod-environment-problem/386501/。

有些鋁箔咖啡粉囊包聲稱可回收：美國奈斯派索 (Nespresso USA)，〈奈斯派索回收再利用：可回收咖啡錦囊包〉 (Nespresso Recycling: Recyclable Coffee Pods)，載於：https://www.nespresso.com/us/en/how-to-recycle-coffee-capsules。

外層又包裹了塑膠：泰勒‧奧奇 (Taylor Orci)，〈喝茶包讓我們變塑膠？〉 (Are Tea Bags Turning Us Into Plastic?)，《大西洋》 (The Atlantic)，大西洋媒體公司 (Atlantic Media Company)，2013 年 4 月 8 日，載於：https://www.theatlantic.com/health/archive/2013/04/are-tea-bags-turning-us-into-plastic/274482。

第五章：當零廢棄走進真實生活

美國人一年消耗 1000 億一次性塑膠袋：聯合國西歐區域新聞中心 (United Nations Regional Information Centre for Western Europe (UNRIC)，〈美國每年使用 1000 億個塑膠袋〉 (100 Billion Plastic Bags Used Annually in the U.S.)，2013 年 10 月 19 日，載於：https://archive.unric.org/en/latest-un-buzz/28776-100-billion-plastic-bags-used-annually-in-the-us。

各城市徵收塑袋稅：馬修‧澤特林 (Matthew Zeitlin)，〈塑膠袋徵稅或禁塑令能控制垃圾量嗎？400 個城市和許多州嘗試實施〉 (Do Plastic Bag Taxes or Bans Curb Waste? 400 Cities and States Tried It out.)，沃克斯 (Vox)，美國沃克斯傳媒 (Vox)，2019 年 8 月 27 日，載於：https://www.vox.com/the-highlight/2019/8/20/20806651/plastic-bag-ban-straw-ban-tax。

我附近的聖荷西市：〈聖荷西市交通與環境委員會議程 12-03-12〉
(San Jose Transportation and Environment Committee Agenda
12-03-12)，美國加州聖荷西市 (San Jose, CA)，2012 年 11 月 21 日。

140 萬兆的微纖維污染了海床： 載於：http://storyofstuff.org/
wp-content/uploads/2017/01/Oceans-Microfibers-and-the-
Outdoor-Industry.pdf。

第七章：存糧與廚餘的幻化魔術

美國一年花費四十億美元在墨西哥薄餅上：市場研究公司宜必思世界
(IBIS World)，〈市調查報告書:美國墨西哥薄餅生產工業〉(Tortilla
Production Industry in the US—Market Research Report)，2020
年 2 月 29 日，載 於:https://www.ibisworld.com/united-states/
market-research-reports/tortilla-production-industry/。

浸泡能縮短烹煮時間：凱拉·達席爾瓦·奎羅斯 (Keila Da Silva
Queiroz)、阿德瑪·科斯塔·德奧利維拉 (Admar Costa De
Oliveira)、伊麗莎白·赫爾比格 (Elizabete Helbig)、索利·瑪麗亞·皮
西尼·馬查多·雷斯(Soely Maria Pissini Machado Reis)、弗朗西斯科·
卡拉羅 (Francisco Carraro) 著，〈家庭料理浸泡豆類能減少寡糖如棉
子糖的含量，但不損其營養價值〉(Soaking the Common Bean in a
Domestic Preparation Reduced the Contents of Raffinose-Type
Oligosaccharides but Did Not Interfere with Nutritive Value)，
《營養科學與維生素學期刊》(Journal of Nutritional Science and
Vitaminology)，48 (4)，2002 年 8 月:283-89 頁，https://doi.
org/10.3177/jnsv.48.283。

煮沸能夠降解腰豆中具有毒性的植物血凝素 (phytohemagglutinin)：
〈植物血凝素〉(Phytohaemagglutinin)，出自「植物血凝素概
述」(Phytohaemagglutinin—an overview)，科學定義服務資料庫
(ScienceDirect Topics)，
https://www.sciencedirect.com/topics/agricultural-and-
biological-sciences/phytohaemagglutinin。

第九章：不能錯過的小菜

經由發酵，能幫助我們消化： 史密斯·G·恩哈塔 (Smith G.
Nkhata)、伊曼紐爾·阿尤阿(Emmanuel Ayua)、以利亞·H·卡茂(Elijah
H. Kamau)、吉恩－博斯科·辛吉羅 (Jean-Bosco Shingiro) 著，
〈透由啟動內源性酵素，發酵發芽增進穀物和豆類的營養價值〉
(Fermentation and Germination Improve Nutritional Vaule

of Cereals and Legumes through Activation of Endogenous
Enzymes)，《食品科學與營養》(Food Science & Nutrition)，6
(8)，2018 年 10 月 16 日，2446-58 頁，https://doi.org/10.1002/
fsn3.846。

第十章：做出主食、杜絕浪費

**美國環保組織 (Environmental Working Group, 簡稱 EWG)
所發佈的「乾淨十五」(Clean Fifteen List)：**美國環境工作組織
(Environmental Working Group)，〈「乾淨十五」:農藥汙染最低
的 15 項農作物〉 (Clean FifteenTM Conventional Produce with
the Least Pesticides)，載 於:https://www.ewg.org/foodnews/
clean-fifteen.php (最後瀏覽日期:2020 年) (accessed 2020)。

（譯註：翻譯原書 215 頁時，Environmental Working Group 翻為「美
國環保組織」，更精準的翻法應為文獻中的「美國環境工作組織」。當
時翻譯原文時，從讀者的角度採用比較容易理解——但也不失正確
性——的方式翻譯，但到了文獻，精準度或許更為重要，因此兩處名詞
的翻法會略有不同。）

第十一章：無包裝零食與天然氣泡水

非有機的生薑：山鐸·卡茲 (Sandor Katz) 著，《發酵聖經:蔬果、穀類、
根莖、豆類》(The Art of Fermentation: An In-Depth Exploration
of Essential Concepts and Processes from Around the World)，
150 頁。

果皮含有農藥殘留物：馬赫什·D·阿瓦斯提 (Mahesh D. Awasthi)，
〈茄子之化學消毒處理——清除擬除蟲菊酯殘留物〉 (Chemical
Treatments for the Decontamination of Brinjal Fruit from
Residues of Synthetic Pyrethroids)，《農藥科學》期刊 (Pesticide
Science)，17 (2)，1986 年 4 月，89-92 頁，https://doi.
org/10.1002/ps.2780170204。

備註：斜體顯現的頁數含有圖片

A

蒜泥美乃滋，蛋白 aioli, egg white, 142

杏仁，見堅果與種子 almonds, See nuts and seeds

鋁箔紙，替代品 aluminum foil, alternatives, 70–71

隨意水果奶酥甜點 Any-Fruit Crunchy Crumble, 299–300

任選堅果的堅果醬 Any-Nut Nut Butter, 145–47

隨意而成的格蘭諾拉麥片 Anything Goes Granola, 170–80

蘋果碎末醋 Apple Scrap Vinegar, 112，113–15

電器，小型 appliances, small, 57

隨心所欲而成，蜂蜜芥末醬 As You Like It Honey Mustard, 143, 44

檢視你的垃圾 auditing your trash, 15

B

購物袋或蔬果袋的其他選項 bag options for groceries/ produce, 79–84

自製布袋 bags, making, 83–84

烘焙石板 baking stone, 55

豆子與其他豆類 beans and other legumes

關於：烹煮（一般鍋具、慢燉鍋、壓力鍋）(about: cooking (pot, slow cooker, pressure cooker), 149–51; 冷凍 freezing, 26; 浸泡 soaking, 148–50

黑眼豆蘑菇漢堡 Black-Eyed Pea and Mushroom Burgers, 225–26

扁豆燉菜：白菜花、馬鈴薯與小扁豆 Cauliflower and Potato Dal, 244–46

墨西哥燉辣豆醬 Chili sans Carne, 249–50

酥脆燜烤鷹嘴豆及普羅旺斯香料 Crispy Roasted Chickpeas with Herbes de Provence, 268–70

盛滿蘑菇與豆子，豐盛的牧羊人派 Feed-the-Flock Bean and Mushroom Shepherd's Pie, 219–21

蒜味迪利豆 Garlicky Dilly Beans, 197

烹煮乾燥豆類 How to Cook Any Dried Bean, 148–50

印度可麗餅與提前製做多薩米糊 Make-Ahead Dosa Batter and Indian Crepes, 207–08

一豆一菜一穀沙拉與檸檬蒜味醬 One-Bean, One-Vegetable, One-Grain Salad with Lemon-Garlic Dressing, 232

醃漬檸檬鷹嘴豆泥 Preserved Lemon Hummus, 278

餐廳式墨西哥豆泥 Restaurant-Style Refried Beans, 204

托斯卡尼農家燉豆湯 Ribollita, 251, 252–53

外帶鷹嘴豆馬薩拉 Takeout-Style Chana Masala, 222–224

漿果 berries

關於：採購 about: shopping for, 85

隨意水果奶酥甜點 Any-Fruit Crunchy Crumble, 299–300

法式水果酥派 Flaky Fruit Galette, 296, 297

薄煎餅、鬆餅的快速莓果醬 Quick Any-Berry Pancake and Waffle Sauce, 171

黑眼豆蘑菇漢堡 Black-Eyed Pea and Mushroom Burgers, 225–26

攪拌機 blender, 57

瓶子，見罐子與瓶子 bottles, See jars and bottles

波旁街香草精 Bourbon Street Vanilla Extract, 123–24

麵包，亦見酸麵團 bread, See also sourdough

關於：麵包機 about: bread maker for, 57; 冷凍薄脆餅 freezing crackers and, 27

墨西哥熱巧克力麵包布丁 Mexican Hot Chocolate Bread Pudding, 306–07

無所畏懼西點 No-Fear Pastry, 119

鬆軟漢堡麵包 Soft Burger Buns, 108–9

早餐，亦見酸麵團 breakfast. See also sourdough

隨意而成的格蘭諾拉麥片 Anything Goes Granola, 178–80

墨西哥鄉村煎蛋（莎莎水波蛋）Huevos Rancheros (Salsa-Poached Eggs), 181–83

薄煎餅、鬆餅的快速莓果醬 Quick Any-Berry Pancake and Waffle Sauce, 171

花椰菜 broccoli, 205

布朗尼 brownies, 293–95

布格麥 bulgur, 191–92, 249–50

漢堡麵包 burger buns, 108–9

酪乳 buttermilk

香醇發酵酪乳 Luscious Cultured Buttermilk, 127

自製兩料酸奶油或法式酸奶油 Two-Ingredient Homemade Sour Cream or Crème Fraîche, 132–33

全麥酸種——酪乳格子鬆餅 Whole Wheat Sourdough Buttermilk Waffles, 167–68

是的乳清，你可以做出瑞可塔 Yes Whey, You Can Make Ricotta, 130, 131

C

高麗菜，亦見德式酸菜 cabbage. See also sauerkraut

關於：發酵過程 about: fermentation process, 38, 39, 40

蔬菜雜燴薄煎餅 Eat-All-Your-Vegetables Pancakes, 195–96

托斯卡尼農家燉豆湯 Ribollita, 251, 252–53

辣勁十足泡菜 Simple Spicy Kimchi, 213–15, 214

一個月的菜單 calendar of meals, 308–09
腰果，見堅果與種子 cashews. See nuts and seeds
鑄鐵鍋具 cast iron cookware, 58–60
扁豆燉菜：白菜花、馬鈴薯與小扁豆 Cauliflower and Potato Dal, 244–46
甜菜，拌炒 chard, sautéed, 193, 194
起司 cheese
玉米脆片起司醬 Nacho Cheese Seasoning, 275
法式薄餅，瑞可塔及普羅旺斯燉菜 Ricotta and Ratatouille Galette, 239–40
是的乳清，你可以做出瑞可塔 Yes Whey, You Can Make Ricotta, 130, 131
家常辣椒粉 chili powder, homemade, 110–11
墨西哥燉辣豆醬 Chili sans Carne, 249–50
巧克力，見甜點 chocolate. See desserts
柑橘 citrus
關於：冷凍檸檬皮屑 about: freezing zest, 27
法羅麥與羽衣甘藍沙拉，搭配醃漬檸檬與杏桃乾 Farro and Kale Salad with Preserved Lemon and Dried Apricots, 230–31
什麼都可搭，檸檬或檸檬凝乳 Lemon or Lime Curd on Everything, 154–55
醃漬檸檬鷹嘴豆泥 Preserved Lemon Hummus, 278
醃漬檸檬 Preserved Lemons, 106–7
邊做邊清潔 cleaning as you go, 31
椰香馬卡龍 coconut macaroons, 304
咖啡粉囊包，替代品 coffee pods, alternatives, 70–71
堆肥 composting, 30–31
調味料，見存糧與廚餘 condiments. See staples and scraps
烹調，亦見食譜；用具與器材 cooking. See also recipes；tools and supplies
關於：像祖母一樣 about: like grandma, 21
一個月的菜單 calendar of meals, 308–09
清潔 cleaning and, 31
自由式烹飪 freestyle, 21–25
無食譜料理 without recipes, 22–23
炊具 cookware, 58–60, 61
玉米，爐灶爆米花 corn, stovetop popcorn, 275, 276
玉米巧達濃湯 corn chowder, 241–43

薄脆餅 crackers, 263–65, 273–74
法式酸奶油 Crème Fraîche, 132–33
印度可麗餅 crepes, Indian, 206–08
酥脆燜烤鷹嘴豆及普羅旺斯香料 Crispy Roasted Chickpeas with Herbes de Provence, 268–70
客製化熱炒佐花生醬 Customizable Stir-Fry with Peanut Sauce, 205
砧板 cutting board, 55

D

乳製品，見酪乳；起司；優格 dairy. See buttermilk；cheese；yogurt
乳製品、牛乳替代品 dairy, milk alternative, 125–26
去除食品的水分 dehydrating foods, 97, 126, 275
甜點，亦見零食 desserts, 291–307. See also snacks
關於：冷凍餅乾 about: freezing cookies, 26
隨意水果奶酥甜點 Any-Fruit Crunchy Crumble, 299–300
甜點（接續前頁）desserts （continued）
巧克力椰香馬卡龍 Chocolate-Dipped Coconut Macaroons, 304
法式水果酥派 Flaky Fruit Galette, 296, 297
新鮮無比南瓜派 The Freshest Pumpkin Pie, 302, 301–3
成人口味布朗尼 Grown-Up Brownies, 293–95
墨西哥熱巧克力麵包布丁 Mexican Hot Chocolate Bread Pudding, 306–07
無所畏懼西點 No-Fear Pastry, 119
多薩餅 dosas, 207–08
麵團刮刀 dough scraper, 61
飲品，亦見康普茶 drinks, See also kombucha
關於：茶包替代品 about: tea bag alternatives, 72；濾茶球、浸煮器 tea ball infuser, 66
薑汁自然發酵飲 Ginger Bug, 279–81
特帕切氣泡發酵飲 Sparkling Tepache, 288–89
辛辣薑汁啤酒 Spicy Ginger Beer, 281–82

荷蘭鍋 Dutch oven, 61

E

知道怎麼做就容易
#EasyWhenYouKnowHow
酸種麵包 Sourdough Bread, 159–66, 161, 165
蔬菜雜燴薄煎餅 Eat-All-Your-Vegetables Pancakes, 195–96
茄子 eggplant, 200–01, 239–40
雞蛋 eggs
關於：冷凍 about: freezing, 25
蛋白蒜泥美乃滋 Egg White Aioli, 142
墨西哥鄉村煎蛋（莎莎水波蛋）Huevos Rancheros （Salsa-Poached Eggs），181–83
綜合時蔬義式烘蛋 Use-All-the-Vegetables Frittata, 223
餡餃與芫荽酸甜醬的相遇 Empamosas with Cilantro Chutney, 209–12, 211

F

法羅麥與羽衣甘藍沙拉，搭配醃漬檸檬與杏桃乾 Farro and Kale Salad with Preserved Lemon and Dried Apricots, 230–31
茴香 fennel, 236–38
發酵，亦見泡菜；康普茶；德式酸菜；酸麵團 fermentation. See also kimchi；kombuchua；sauerkraut；sourdough
關於：益處 about: benefits, 35–41；鹽水用處和添加鹽巴 brine use and added salt, 140；不費力與經濟效益 ease and economy, 39–40；妨礙發酵的抑制因素 inactive inhibitors causing, 44–45；營養益處 nutrition benefits, 36–39；安全性 safety, 38；用具與器材 tools and supplies, 63–65；排除問題 troubleshooting, 41–45
蘋果碎末醋 Apple Scrap Vinegar, 112, 113–15
客製化辣椒醬 Pick-Your-Peppers Hot Sauce, 103–5
醃漬檸檬 Preserved Lemons, 106–7
升級版番茄醬 Stepped-Up Ketchup, 140
法式水果酥派 Flaky Fruit Galette, 296, 297

鋁箔紙或錫箔紙，替代品 foil, alternatives, 70–71

食品研磨器 food mill, 56

食物處理機 food processor, 57

食物浪費，見廢棄物 Food waste. See waste

自由式烹飪 freestyle cooking, 21–25

將食物冷凍 freezing food, 25–27

新鮮無比南瓜派 Freshest Pumpkin Pie, 301–03

簡約風：茴香葉青醬與義大利麵 Frugal Fennel-Frond Pesto and Pasta, 235, 236–38

水果，亦見特定水果 fruit, See also specific fruit

關於：採購（見商店購物）；about: buying (See grocery shopping)；乙烯氣體 ethylene gas and, 28–29；冷凍 freezing 25–27；當地、季節性、有機等等 local, seasonal, organic, etc., 93–94；果皮和果核 peels and cores, 27；貯存與變熟 storing/ ripening, 27–29

隨意水果奶酥甜點 Any-Fruit Crunchy Crumble, 299–300

法式水果酥派 Flaky Fruit Galette, 296, 297

G

蒜味迪利豆 Garlicky Dilly Beans, 197

薑汁飲品，見飲品 ginger drinks. See drinks

再來一點酸種全麥餅乾 Give Me S'more Sourdough Graham Crackers, 273–74

全麥餅乾，酸種 graham crackers, sourdough, 273–74

穀物碾磨機 grain mill, 62

祖母的鍋餡餅 Granny's Pot Pie, 247–48

格蘭諾拉麥片和燕麥棒 granola and granola bars, 178–80, 271

四季豆 green beans, 197, 199, 205, 252

商店購物 grocery shopping

關於：觀點 about: perspectives on, 91

購物袋選項及用途 bag options and uses, 79–84

散裝食品 bulk items, 84–85, 94, 95, 96, 97

優惠券 coupons and, 96–97

玻璃罐 glass jars and, 84–86

很好、更好、最好的零廢棄採購 good, better, best zero-waste shopping, 94–99

當地、季節性、有機等等 local, seasonal, organic, etc., 93–94

隨身攜帶的要件 on-the-go essentials, 78

儲藏櫃的存糧 pantry staples, 95, 96, 97

蔬果 produce, 95, 96, 97

買些什麼 what to buy, 92

去哪採購 where to shop, 93–94

成人口味布朗尼 Grown-Up Brownies, 293–95

H

燜烤香草蔬菜饗宴 Hearty and Herby Roasted Vegetables, 200–01

家常辣椒粉 Homemade Chili Powder, 110–11

烹煮乾燥豆類 How to Cook Any Dried Bean, 148–50

墨西哥鄉村煎蛋（莎莎水波蛋）Huevos Rancheros （Salsa-Poached Eggs），181–83

鷹嘴豆泥 hummus, 278

J

瓶罐 jars and bottles, 51–54, 63, 64, 84–86, 91

K

卡姆酵母菌 kahm yeast, 41, 113

羽衣甘藍 kale, 230–31, 251–252

玉米巧達濃湯——從玉米粒到棒芯 Kernel-to-Cob Corn Chowder, 241–43

升級版番茄醬 ketchup, stepped-up, 140

泡菜 kimchi

韓式泡菜炒飯 Kimchi Fried Rice, 228–29

辣勁十足泡菜 Simple Spicy Kimchi, 213–15, 214

刀具 knives, 55, 62

康普茶 kombucha

關於：使用的瓶罐；about: jars/bottles for, 63, 64；紅茶菌膜 SCOBY and, 39, 102, 284–87；排除問題 troubleshooting, 41–45；酸味過重 vinegary, 43

隨心所欲而成，蜂蜜芥末醬 As You Like It Honey Mustard 143, 144

檸檬皮屑康普茶 Lemon Zesty Kombucha, 283, 284–87

升級版番茄醬 Stepped-Up Ketchup, 140

L

黎巴嫩塔布勒沙拉 Lebanese Tabbouleh, 191–92

盛裝剩食 leftovers, packing, 85

檸檬或萊姆，見柑橘 lemon or lime. See citrus

盛裝午餐 lunches, packing, 85, 87

香醇發酵酪乳 Luscious Cultured Buttermilk, 127

M

夏威夷果，見堅果與種子 macadamia nuts. See nuts and seeds

主食，亦見沙拉 main dishes, 217–259. See also salads

黑眼豆蘑菇漢堡 Black-Eyed Pea and Mushroom Burgers, 225–26

扁豆燉菜：白菜花、馬鈴薯與小扁豆 Cauliflower and Potato Dal, 246–47

墨西哥燉辣豆醬 Chili sans Carne, 249–50

盛滿蘑菇與豆子，豐盛的牧羊人派 Feed-the-Flock Bean and Mushroom Shepherd's Pie, 219–21

簡約風：茴香葉青醬與義大利麵 Frugal Fennel-Frond Pesto and Pasta, 235, 236–38

祖母的鍋餡餅 Granny's Pot Pie, 247–48

玉米巧達濃湯——從玉米粒到棒芯 Kernel-to-Cob Corn Chower, 241–43

韓式泡菜炒飯 Kimchi Fried Rice, 228–29

托斯卡尼農家燉豆湯 Ribollita, 251, 252–53

法式薄餅，瑞可塔及普羅旺斯燉菜 Ricotta and Ratatouille Galette, 239–40

酸種披薩與蕃茄蒜蓉醬 Sourdough Pizza with Tomato-Garlic Sauce, 254–259, 257–258

外帶鷹嘴豆馬薩拉 Takeout-Style Chana Masala, 222–224

綜合時蔬義式烘蛋 Use-All-the-Vegetables Frittata, 234

如同美乃滋的醬料，蛋白蒜泥美乃滋 mayonnaise-like sauce, Egg White Aioli, 142

一個月的菜單 meals, calendar of, 308-09

計算廢棄物 measuring waste, 15

墨西哥熱巧克力麵包布丁 Mexican Hot Chocolate Bread Pudding, 306-07

植物奶，零廢棄堅果與種子 milk, no-waste nut and seed, 125-26

食品研磨器或穀物碾磨機 mills, food/grain, 56, 62

蘑菇 mushrooms

黑眼豆蘑菇漢堡 Black-Eyed Pea and Mushroom Burgers, 225-26

客製化熱炒佐花生醬 Customizable Stir-Fry with Peanut Sauce, 205

祖母的鍋餡餅 Granny's Pot Pie, 247-48

芥末醬 mustard 143, 144

N

布餐巾 napkins, cloth, 86

無所畏懼西點 No-Fear Pastry, 119

零廢棄堅果種子奶 No-Waste Nut and Seed Milk, 125-26

堅果與種子 nuts and seeds

關於：為麵包加料 about: as bread add-ins, 163；製做中東芝麻醬 making tahini, 145（編按：原書查無製做中東芝麻醬的食譜）

任選堅果的堅果醬 Any-Nut Nut Butter, 145-47

隨意而成的格蘭諾拉麥片 Anything Goes Granola, 178-80

客製化熱炒佐花生醬 Customizable Stir-Fry with Peanut Sauce, 205

零廢棄堅果種子奶 No-Waste Nut and Seed Milk, 125-26

美味可口的辣味堅果 Savory Spiced Nuts, 266, 267

香脆細薄燕麥棒 Thin and Crunchy Granola Bars, 271

O

燕麥，用於格蘭諾拉麥片和燕麥棒 oats, in granola and granola bars, 178-80, 271

有機食品 organic food, 94

烤箱手套 oven mitts, 61

P

薄煎餅和格子鬆餅 pancakes and waffles

蔬菜雜燴薄煎餅 Eat-All-Your-Vegetables Pancakes, 195-96

薄煎餅、鬆餅的快速莓果醬 Quick Any-Berry Pancake and Waffle Sauce, 171

甜或鹹味酸種薄煎餅 Sweet or Savory Sourdough Pancakes, 169

全麥酸種——酪乳格子鬆餅 Whole Wheat Sourdough Buttermilk Waffles, 167-68

儲藏櫃的存糧，採購 pantry staples, buying, 95, 96, 98

亦見商店購物 See also grocery shopping

廚房紙巾，替代品 paper towel, alternatives, 72

烤盤紙，替代品 parchment paper alternative, 70

防風草根 parsnips, 195-96, 200-01, 219-21, 252

義大利麵 pasta, 238, 236-38

派皮或法式薄餅酥皮 pastry, 119

見堅果與種子 peanuts. See nuts and seeds

辣椒 peppers

關於：料理辣椒 about: preparing hot peppers, 104；儲存辣椒頂部 saving tops, 110

家常辣椒粉 Homemade Chili Powder, 110-11

客製化辣椒醬 Pick-Your-Peppers Hot Sauce, 103-5

客製化辣椒醬 Pick-Your-Peppers Hot Sauce, 103-5

鳳梨，用於特帕切氣泡發酵飲 pineapple, in Sparkling Tepache, 288-89

披薩 pizza

關於：製做、冷凍醬料 about: making, freezing sauce, 27, 97；廚師用具和擺盤 tools for making/ serving, 55

酸種披薩與蕃茄蒜蓉醬 Sourdough Pizza with Tomato-Garlic Sauce, 254-259, 257-258

提前規劃下個菜單 planning for next recipe, 23-25

亦見各食譜中的小提醒 See also specific recipes for tips

塑料 plastic

包裝或覆蓋食物的替代品 baggie/wrap alternatives, 69-70, 86-87

權衡適宜的方法 balanced approach, 86-87

挑戰 challenge, 16

無塑冷凍 freezing without, 25-27

很好、更好、最好的零廢棄採購 good, better, best zero-waste shopping, 94-99

使用罐子來替代 jars in place of, 84-87

展開無塑生活 living without, 16-17

廢棄物 waste, 9-10

污染，見廢棄物 pollution. See waste

爆米花 popcorn, 275, 276

鍋餡餅 pot pie, 247-48

馬鈴薯 potatoes

關於：煎煮剩餘食材 about: pan-frying leftovers, 212

扁豆燉菜：白菜花、馬鈴薯與小扁豆 Cauliflower and Potato Dal, 244-46

蔬菜雜燴薄煎餅 Eat-All-Your-Vegetables Pancakes, 195-96

餡餃與芫荽酸甜醬的相遇 Empamosas with Cilantro Chutney, 209-11, 211

盛滿蘑菇與豆子，豐盛的牧羊人派 Feed-the-Flock Bean and Mushroom Shepherd's Pie, 219-21

祖母的鍋餡餅 Granny's Pot Pie, 247-48

燜烤香草蔬菜饗宴 Hearty and Herby Roasted Vegetables, 200-01

炊具 pots and pans, 58-60, 61

木質搗碎器 pounder, wooden, 66

醃漬檸檬 Preserved Lemons, 106-7

壓力鍋 pressure cooker, 57

蔬果，見水果；蔬菜；特定蔬果 produce. See fruit；vegetables；specific produce

南瓜派 pumpkin pie, 302, 301-3

Q

薄煎餅、鬆餅的快速莓果醬 Quick Any-Berry Pancake and Waffle Sauce, 171

R

食譜 recipes

無食譜料理 cooking without, 22-23

客製化 customizable, 22

預先想好下個菜單 thinking ahead to next, 23–25

(亦見各食譜中的小提醒)(See also specific recipes for tips)

所有食材全數用上 using everything always, 23–25

回收或再利用，亦見零廢棄 recycling/reusing. See also zero waste

杜絕一次性用具的烹調法 cooking without disposables, 68–73

塑料廢棄物 plastic waste and, 9–10

二手器材 secondhand tools, 67

冰箱，貯存食物 refrigerator, food storage and, 29–30

餐廳式墨西哥豆泥 Restaurant-Style Refried Beans, 204

托斯卡尼農家燉豆湯 Ribollita, 251, 252–53

米飯 rice

韓式泡菜炒飯 Kimchi Fried Rice, 228–29

印度可麗餅與提前製做多薩米糊 Make-Ahead Dosa Batter and Indian Crepes, 207–08

瑞可塔，見起司 ricotta. See cheese

燜烤蕃茄 roasted tomatoes, 134, 135

燜烤蔬菜 roasted vegetables, 200–01

擀麵棍 rolling pin, 55

S

沙拉 salads

關於：加入德式酸菜 about: adding sauerkraut to, 189；沙拉醬 dressings, 142, 143, 279；用剩餘食材料理沙拉 using leftovers in , 237, 248

法羅麥與羽衣甘藍沙拉，搭配醃漬檸檬與杏桃乾 Farro and Kale Salad with Preserved Lemon and Dried Apricots, 230–31

黎巴嫩塔布勒沙拉 Lebanese Tabbouleh, 191–92

一豆一菜一穀沙拉與檸檬蒜味醬 One-Bean, One-Vegetable, One-Grain Salad with Lemon-Garlic Dressing, 232

莎莎水波蛋（墨西哥鄉村煎蛋）Salsa-Poached Eggs（Huevos Rancheros）, 181–83

醬料 sauces

關於：冷凍披薩醬料 about: freezing pizza sauce, 27

隨心所欲而成，蜂蜜芥末醬 As You Like It Honey Mustard, 143, 144

芫荽酸甜醬 Cilantro Chutney, 209–11

蛋白蒜泥美乃滋 Egg White Aioli, 142

簡約風：茴香葉青醬 Frugal Fennel-Frond Pesto, 236, 238

醬料（接續前頁）sauces （continued）

花生醬 Peanut Sauce, 205

客製化辣椒醬 Pick-Your-Peppers Hot Sauce, 103–5

薄煎餅、鬆餅的快速莓果醬 Quick Any-Berry Pancake and Waffle Sauce, 171

升級版番茄醬 Stepped-Up Ketchup, 140

濃郁番茄莎莎醬 Tangy Tomato Salsa, 202, 203

蕃茄蒜蓉醬 Tomato-Garlic Sauce, 254

絕對值得的蕃茄糊 Worth-It Tomato Paste, 136–39, 137–38

德式酸菜 sauerkraut, 38, 39, 40, 63–65, 187–90, 188

零廚餘零花費蔬菜清湯 Save-Scraps-Save-Cash Vegetable Broth, 151–53, 152

美味可口的辣味堅果 Savory Spiced Nuts, 266, 267

廚房秤 scale, kitchen, 61

紅茶菌膜（細菌與酵母菌的共生組成）SCOBY （symbiotic culture of bacteria and yeast）, 24, 42, 114, 284–87

季節性食品 seasonal food, 93–94

佐料，綜合貝果佐料 seasoning, everything-bagel, 263–65

醬料，玉米脆片起司醬 seasoning, nacho cheese, 275

善用五官與智慧，作為廚師用具 senses/brain, as cooking tools, 56

小菜 side dishes, 185–215

客製化熱炒佐花生醬 Customizable Stir-Fry with Peanut Sauce, 205

蔬菜雜燴薄煎餅 Eat-All-Your-Vegetables Pancakes, 195–96

餡餃與芫荽酸甜醬的相遇 Empamosas with Cilantro Chutney, 209–11, 211

蒜味迪利豆 Garlicky Dilly Beans, 197, 199

燜烤香草蔬菜饗宴 Hearty and Herby Roasted Vegetables, 200–01

黎巴嫩塔布勒沙拉 Lebanese Tabbouleh, 191–92

印度可麗餅與提前製做多薩米糊 Make-Ahead Dosa Batter and Indian Crepes, 207–08

喔捲心菜兒！蘋果生薑酸菜 Mon Petit Chou Apple-Ginger Sauerkraut, 187–90, 188

餐廳式墨西哥豆泥 Restaurant-Style Refried Beans, 204

拌炒瑞士甜菜 Sautéed Swiss Chard, 193, 194

辣勁十足泡菜 Simple Spicy Kimchi, 213–15, 214

濃郁番茄莎莎醬 Tangy Tomato Salsa, 202, 203

篩網與薄布 sieve and thin cloth, 56

辣勁十足泡菜 Simple Spicy Kimchi, 213–15, 214

零食 snacks

關於：冷凍 about: freezing, 25；製作墨西哥玉米片 making tortilla chips, 122

酥脆燜烤鷹嘴豆及普羅旺斯香料 Crispy Roasted Chickpeas with Herbes de Provence, 268–70

再來一點酸種全麥餅乾 Give Me S'more Sourdough Graham Crackers, 273–74

醃漬檸檬鷹嘴豆泥 Preserved Lemon Hummus, 278

美味可口的辣味堅果 Savory Spiced Nuts, 266, 267

酸種脆餅與綜合貝果佐料 Sourdough Crackers with Everything-Bagel Seasoning, 263–65

爐灶爆米花配上玉米脆片起司醬 Stovetop Popcorn with Nacho Cheese Seasoning, 276, 275

香脆細薄燕麥棒 Thin and Crunchy Granola Bars, 271

鬆軟漢堡麵包 Soft Burger Buns, 108–9

湯品 soup

關於：冷凍 about: freezing, 25

墨西哥燉辣豆醬 Chili sans Carne, 249–50

玉米巧達濃湯——從玉米粒到棒芯 Kernel-to-Cob Corn Chowder, 241–43

托斯卡尼農家燉豆湯 Ribollita, 251, 252–53

零廚餘零花費蔬菜清湯 Save-Scraps-Save-Cash Vegetable Broth, 151–53, 152

酸奶油 Sour Cream, 132–33

酸麵團 sourdough
關於：為麵包加料 about: bread add-ins, 163；冷凍薄脆餅乾 freezing crackers, 27；起種的保存與管理 managing starter, 118；酸麵團器材 tools for, 61–62；排除問題 troubleshooting, 41, 43–45
知道怎麼做就容易！酸種麵包 #EasyWhenYouKnowHow Sourdough Bread, 159–66, 161, 165
再來一點酸種全麥餅乾 Give Me S'more Sourdough Graham Crackers, 273–74
酸種脆餅與綜合貝果佐料 Sourdough Crackers with Everything-Bagel Seasoning, 263–65
酸種披薩與蕃茄蒜蓉醬 Sourdough Pizza with Tomato-Garlic Sauce, 254–259, 257–258
酸種焦糖果仁麵包捲 Sourdough Sticky Buns, 172–175
櫛瓜速發酸種麵包 Sourdough Zucchini Quick Bread, 176
從酸麵種開始 Start with a Sourdough Starter, 117–18
甜或鹹味酸種薄煎餅 Sweet or Savory Sourdough Pancakes, 169
香嫩酸種墨西哥薄餅 Tender and Tangy Sourdough Tortillas, 121–22
全麥酸種——酪乳格子鬆餅 Whole Wheat Sourdough Buttermilk Waffles, 167–68
特帕切氣泡發酵飲 Sparkling Tepache, 288–89
香料研磨機 spice grinder, 57
存糧與廚餘 staples and scraps, 101–155
任選堅果的堅果醬 Any-Nut Nut Butter, 145–47
蘋果碎末醋 Apple Scrap Vinegar, 112, 113–15
隨心所欲而成，蜂蜜芥末醬 As You Like It Honey Mustard, 143, 144
波旁街香草精 Bourbon Street Vanilla Extract, 123–24
蛋白蒜泥美乃滋 Egg White Aioli, 142
家常辣椒粉 Homemade Chili Powder, 110–11
烹煮乾燥豆類 How to Cook Any Dried Bean, 148–50
什麼都可搭，檸檬或檸檬凝乳 Lemon or

Lime Curd on Everything, 154–55
香醇發酵酪乳 Luscious Cultured Buttermilk, 127
無所畏懼西點 No-Fear Pastry, 119
零廢棄堅果種子奶 No-Waste Nut and Seed Milks, 125–26
客製化辣椒醬 Pick-Your-Peppers Hot Sauce, 103–5
醃漬檸檬 Preserved Lemons, 106–7
零廚餘零花費蔬菜清湯 Save-Scraps-Save-Cash Vegetable Broth, 151–53, 152
鬆軟漢堡麵包 Soft Burger Buns, 108–9
從酸麵種開始 Start with a Sourdough Starter, 116, 117–8
升級版番茄醬 Stepped-Up Ketchup, 140
香嫩酸種墨西哥薄餅 Tender and Tangy Sourdough Tortillas, 122–21
一年四季的番茄：燜烤番茄 A Tomato for All Seasons: Roasted Tomatoes, 134, 135
自製兩料酸奶油或法式酸奶油 Two-Ingredient Homemade Sour Cream or Crème Fraîche, 132–33
絕對值得的番茄糊 Worth-It Tomato Paste, 136–39, 137–38
是的乳清，你可以做出瑞可塔 Yes Whey, You Can Make Ricotta, 130, 131
優格繁衍優格 Yogurt Begets Yogurt, 128
從酸麵種開始 Start with a Sourdough Starter, 116, 117–18
升級版番茄醬 Stepped-Up Ketchup, 140
焦糖果仁麵包捲，酸種 sticky buns, sourdough, 172–175
貯存食物 storing food
確認食物是否變質 checking if food is bad, 56
乙烯氣體 ethylene gas and, 28–29
無塑冷凍 freezing without plastic, 25–27
貯存在冰箱之內或之外 in/out of refrigerator, 29–30
置放於水罐中 in jar of water, 30
使用罐子 jars for, 51–54
短期貯存 short-term storage, 27
爐灶爆米花配上玉米脆片起司醬 Stovetop Popcorn with Nacho Cheese Seasoning, 276, 275
甜或鹹味酸種薄煎餅 Sweet or Savory Sourdough Pancakes, 169

番薯 sweet potatoes, 195–96, 200–01, 247–48
拌炒瑞士甜菜 Swiss chard, sautéed, 193, 194

T
黎巴嫩塔布勒沙拉 tabbouleh, Lebanese 191–92
製做中東芝麻醬 tahini, making, 145 (編按：原書查無製做中東芝麻醬的食譜)
外帶鷹嘴豆馬薩拉 Takeout-Style Chana Masala, 222–224
濃郁番茄莎莎醬 Tangy Tomato Salsa, 202, 203
香嫩酸種墨西哥薄餅 Tender and Tangy Sourdough Tortillas, 121–22
香脆細薄燕麥棒 Thin and Crunchy Granola Bars, 271
番茄 tomatoes
關於：去除水分 about: dehydrating, 97；烘乾番茄皮 dehydrating skins, 275；發酵 fermenting, 98；製作及冷凍披薩醬 making, freezing pizza sauce, 97；低價貯存法 preserving cheaply, 97–98；燜烤與冷凍 roasting and freezing, 27, 97；玉米脆片起司醬 Nacho Cheese Seasoning, 275
托斯卡尼農家燉豆湯 Ribollita, 251, 252–53
升級版番茄醬 Stepped-Up Ketchup, 140
濃郁番茄莎莎醬 Tangy Tomato Salsa, 202, 203
一年四季的番茄：燜烤番茄 A Tomato for All Seasons: Roasted Tomatoes, 134, 135
蕃茄蒜蓉醬 Tomato-Garlic Sauce, 254
絕對值得的番茄糊 Worth-It Tomato Paste, 136–39, 137–38
用具與器材 tools and supplies, 49–73
關於：整體介紹 about: overview of, 49
基本廚師用具 basic cook's tools, 55–56
炊具（不銹鋼、鑄鐵鍋）cookware (stainless, cast iron), 58–60
發酵用具 fermentation, 63–65
瓶罐 jars and bottles, 51–54, 63, 64–65, 84–86, 91
保養及修復 maintaining/repairing, 67
自選器具 optional tools, 66

二手器材 secondhand, 67
小型電器 small appliances, 57
酸麵團器材 sourdough, 61–62
餐具 utensils, 86
墨西哥玉米片 tortilla chips, 122
墨西哥薄餅，酸種 tortillas, sourdough, 121–22
蕪菁 turnips, 195–96, 219–221, 247–48
自製兩料酸奶油或法式酸奶油 Two-Ingredient Homemade Sour Cream or Crème Fraîche, 132–33

U
綜合時蔬義式烘蛋 Use–All–the–Vegetables Frittata, 234
所有食材全數用上 using everything always, 23–25.
亦見各食譜中的小提醒 See also specific recipes for tips
餐具 utensils, 86

V
香草精，製做 vanilla extract, making, 123–24
蔬菜，亦見特定蔬菜 vegetables, See also specific vegetables
關於：採買（見商店購物）about: buying (See grocery shopping)；乙烯氣體 ethylene gas and, 28–29；發酵小撇步 fermenting tips, 41–43；當地、季節性、有機等等 local, seasonal, organic, etc., 93–94；發霉（亦見紅茶菌膜）mold on, 41–43 (See also SCOBY)；貯存 storing, 27–30
蔬菜雜燴薄煎餅 Eat–All–Your–Vegetables Pancakes, 195–96
祖母的鍋餡餅 Granny's Pot Pie, 247–48
燜烤香草蔬菜饗宴 Hearty and Herby Roasted Vegetables, 200–01
零廚餘零花費蔬菜清湯 Save–Scraps–Save–Cash Vegetable Broth, 151–53, 152
綜合時蔬義式烘蛋 Use–All–the–Vegetables Frittata, 234
蘋果碎末醋 vinegar, apple scrap, 112, 113–15

W
格子鬆餅烤盤 waffle iron, 57
格子鬆餅 waffles, 167–68
核桃，見堅果與種子 walnuts. See nuts and seeds
廢棄物，亦見零廢棄 waste. See also zero waste
累積之數據統計 accumulation statistics, 9
堆肥 composting, 30–31
食物浪費，對全球的影響 food, worldwide impact, 11
計算自己的廢棄物 measuring, 15
塑料（亦見塑料）plastic, 9–10 (See also plastic)
污染 pollution from, 9
減少廢棄物，好處 reducing, benefits, 14–15
攪拌器 whisk, 56
全麥酸種——酪乳格子鬆餅 Whole Wheat Sourdough Buttermilk Waffles, 167–68
絕對值得的蕃茄糊 Worth–It Tomato Paste, 136–39, 137–38

Y
卡姆酵母菌 yeast, kahm, 41, 113
是的乳清，你可以做出瑞可塔 Yes Whey, You Can Make Ricotta, 130, 131
優格 yogurt
關於：保存食物 about: food preservation and, 35；製作 making, 51；製作水果優格 making fruit–bottom yogurt, 171；從優格做出格子鬆餅 waffles made with, 167–68
優格繁衍優格 Yogurt Begets Yogurt, 128

Z
零廢棄 zero waste. 亦見商店購物；廢棄物 See also grocery shopping；waste
接納新觀念 accepting concept of, 11–14
態度 attitude for, 77–78
檢視你的垃圾 auditing your trash, 15
對你的好處 benefits for you, 14–15
一個月的菜單 calendar of meals, 308–09
考量費用問題 cost consideration, 77
邁出第一步 getting started, 15–16
恐懼 intimidation of, 12

生活型態總覽 lifestyle overview, 77
提前規劃下個菜單 planning for next recipe, 23–25
（亦見各食譜中的小提醒）(See also specific recipes for tips)
現實層面 practical perspective on, 11–14
櫛瓜 zucchini
蔬菜雜燴薄煎餅 Eat–All–Your–Vegetables Pancakes, 195–96
燜烤香草蔬菜饗宴 Hearty and Herby Roasted Vegetables, 200–01
法式薄餅，瑞可塔及普羅旺斯燉菜 Ricotta and Ratatouille Galette, 239–40
櫛瓜速發酸種麵包 Sourdough Zucchini Quick Bread, 176

KNOW HOW 002

零廢棄大廚
邁向蔬食生活的食譜！如何打造永續發展的廚房與地球
the ZERO-WASTE CHEF
Plant-Forward Recipes and Tips for a Sustainable Kitchen and Planet

作　　　者	安妮－瑪莉．博諾 (ANNE－MARIE BONNEAU)
譯　　　者	李家瑜
選 書 人	徐珠理
責任編輯	林瑾俐
美術設計	張福海
內頁插畫	王錦堯
總 經 理	伍文翠
出版發行	知田出版 / 福智文化股份有限公司
	地址 / 105407 台北市八德路三段 212 號 9 樓
	電話 / (02) 2577-0637
	客服信箱 / serve@bwpublish.com
	心閱網 / https://www.bwpublish.com
法律顧問	王子文律師
印　　　刷	富喬文化事業有限公司
總 經 銷	時報文化出版企業股份有限公司
	地址 / 333019 桃園市龜山區萬壽路二段 351 號
	電話 / (02) 2306-6600 #2111
出版日期	2022 年 8 月 初版一刷
定　　　價	新臺幣 680 元

ISBN　　978-626-95778-2-8

國家圖書館出版品預行編目 (CIP) 資料

零廢棄大廚 / 安妮－瑪莉．博諾 (Anne-Marie
Bonneau) 作；李家瑜譯 . -- 初版 . -- 臺北市：
知田出版，福智文化股份有限公司，2022.08
　面；　公分 . -- (Know how；2)
譯自：The zero-waste chef : plant-forward
recipes and tips for a sustainable kitchen
and planet.
ISBN 978-626-95778-2-8(平裝)

1.CST: 食物 2.CST: 烹飪 3.CST: 永續發展

427　　　　　　　　　　　　111011557